阳光照进来的地方

青少年心理疗愈手记

郑佳雯 著

四川文艺出版社

图书在版编目（CIP）数据

阳光照进来的地方：青少年心理疗愈手记/郑佳雯
著. -- 成都：四川文艺出版社，2023.1
ISBN 978-7-5411-6465-1

Ⅰ.①阳… Ⅱ.①郑… Ⅲ.①青少年—抑郁—研究
Ⅳ.①B842.6

中国版本图书馆CIP数据核字(2022)第191003号

YANGGUANG ZHAO JINLAI DE DIFANG QINGSHAONIAN XINLI LIAOYU SHOUJI

阳光照进来的地方：青少年心理疗愈手记

郑佳雯　著

出 品 人	张庆宁
责任编辑	路　嵩
封面设计	叶　茂
内文设计	史小燕
责任校对	段　敏
责任印制	桑　蓉

出版发行　四川文艺出版社（成都市锦江区三色路238号）
网　　址　www.scwys.com
电　　话　028-86361802（发行部）　　028-86361781（编辑部）

排　　版　四川胜翔数码印务设计有限公司
印　　刷　成都东江印务有限公司
成品尺寸　145mm×210mm　　开　　本　32开
印　　张　9.75　　　　　　　字　　数　210千
版　　次　2023年1月第一版　印　　次　2023年1月第一次印刷
书　　号　ISBN 978-7-5411-6465-1
定　　价　48.00元

根基牢固的大树常常生长在料峭春寒的悬崖旁边，

它们在崖缝中扎根、抽条、努力向上，

汲取自缝隙射入的第一缕阳光，

风吹雨打不能让它倒下，

电闪雷鸣无法劈碎它活下去的希望，

那些不能击垮它的，

终将使它变得更加强大。

前言

万物皆有裂痕，那是阳光照进来的地方

写一本心理咨询相关图书这一想法，于我而言，既是突然萌生出来的，也是反复权衡的结果。

我至今还记得那一日的情景，彼时我刚刚结束一场咨询，并将被自杀倾向折磨多时的来访者送出门。在等待下一位来访者进门的间隙，我捧着已经冷掉的咖啡站在窗前。窗外的阳光无比刺眼，我虽短暂地烦躁于自己睁不开眼睛，却格外享受此时周身温暖的感觉。偶然转头，看到身后投下的影子，上一位来访者痛苦的倦容毫无征兆地在我眼前浮现。我慢慢转身，阴影随即出现在了我的身前。

兴许是心理咨询师的专业敏感所致，看着眼前这一幕，我的脑海中快速闪过了"抑郁"这两个字。对于绝大多数饱受抑郁折磨的来访者而言，抑郁以及其他相关症状如影随形。即便身处艳阳天，他们也很难安心享受这于他人来说再普通不过的温暖。

如果你足够好奇，去百度百科上搜索"抑郁症"三个字，就会看到一连串可怕的数字。"约15%的抑郁症患者死于自杀"，"抑郁症已经成为中国疾病负担的第二大病"，"75%—80%的患者多次复发"，这一切事实都在残酷地提醒着

我们，抑郁症乃至其他精神类疾病非但不罕见，反而越来越高发，情况也远比我们想象中严重。与此同时，病症高发人群的年龄段有逐年降低的趋势。

就以我个人举例，近些年来，即便在许多家长无法接受心理咨询的前提下，我所接待的来访者中，儿童、青少年人群的比例仍然居高不下。正在阅读本书的父母，如果这些数据和事实仍旧让你有所怀疑，仍旧无法改变你"孩子有什么可抑郁的？无非就是脆弱和矫情"这一认知，那么，还请你暂且静下心来，听一听我的故事。

我19岁那一年，没有发生什么具体的事情，脑子里突然就跳出了想要离开这个世界的想法，我被自己的这个想法吓了一大跳；29岁那一年，生完孩子后的我时常莫名其妙地情绪低落，我敏感地觉察到自己出现了产后抑郁；35岁那一年，职业生涯遭遇重创后，生活的负性事件也接踵而至，我每天都处在焦虑和应激的状态。糟糕的睡眠、持续的心境低落、体重的骤降、对人际的回避……我的专业经验告诉我，抑郁找到了我。是的！你没有听错，作为一名心理学工作者，我也是抑郁的亲历者。即便身为抗压能力远超青少年的我仍然用了近一年的时间来同抑郁相处、斗争、和解。正是基于共同的经历，我对被抑郁困扰的孩子感同身受。

抑郁往往伴随另外的一些共病，比如焦虑、强迫，不同人格水平的抑郁也各不相同，而对处于情绪波动很大的阶段青春期的孩子来说，他们既需要依赖又渴望独立，亲子关系中长期的问题开始在青春期得以呈现，当外在环境的变化触碰到过去的经历，那些压抑在潜意识中的创伤就会得到激活，产生常人所不能理解的行为。青春期的孩子不容易，青春期的父母更不容易！

时代在进步，人们的生存和社会环境也在不断发生着变化，过去的经验常常不能适用于今天，这是不同时代、不同的社会根源所致，真心疼爱、担心孩子的家长们，还请不要过度自责。心理咨询工作并不能一蹴而就，我理解生活当中的种种不易，这也正是我想写下这本书的初衷：希望很多无法进行长期心理咨询和治疗的家庭，也能通过这本书了解有关抑郁的心理学知识，提升家庭对孩子情绪与情感的关注。比如重视培养孩子的兴趣爱好、鼓励孩子多与人交际、让孩子在多元的评价体系中认识到自己的长处，而非以成绩作为唯一的标准。

为了能够让各位读者更加直观地接触到心理学知识，我在多年的心理咨询工作中挑选出了一系列或典型、或特殊的案例，对诸如抑郁形成的不同原因、抑郁的共病、抑郁家庭共同面临的困境、咨询中的反移情等做出了一些真诚而必要的阐述，不管对普通的家长还是对刚刚入行的心理从业者，定会有所启发，资深的心理咨询师亦能在本书中找到共鸣。这本书虽然讲的是别人的故事，却也有你的影子。

受限于文字数量，也为了普通读者能更好地理解，每一个故事并不是我和来访者的逐字稿，所以本书不是心理咨询的标准流程和标准话术，请不要把本书看作是完整的咨询案例；为了保护当事人的隐私，我给我的来访者穿上了戏服、化好了妆，每个案例都是多个案例的合成与修改，我也对其中的细节和对话做了修饰和艺术加工，请大家不要妄加猜测和对号入座。

当你看到以上这些条理清晰、逻辑严谨的文字时，联想起前面提到的我的故事，或许又会怀疑抑郁症的治愈并非难事。如果此时你的头脑中产生了这样的想法，那么，让我再来为你列举以下事实。

首先，九成以上的抑郁症患者会认为自己的存在毫无价值，且随着抑郁症状的加重，这样的感受只会越来越明显。这一点与年龄或性别无关，放在儿童、青少年身上，往往感受更深。这是因为未成年人的认知尚在形成阶段，对任何事情产生感受时往往比成年人更"绝对"，比如面对童年阶段因父母忙碌而"被寄养"经历，很多孩子都会"绝对"地认定自己是被抛弃了，并因此产生自卑、懦弱、反抗等表征，孩子用"症状"的形似来告诉父母"我已经无法适应目前的环境了"，并在潜意识中"逼迫"父母做出反思和改变。我们无法以此来评价这个孩子是好是坏，是因为孩子的初衷、潜意识仅仅只是为了自我保护以及赢得爱与关怀。

其次，很多抑郁症患者会长期遭受内疚的心理折磨，无论遇到任何情况，都会认为做错事情的就是自己，所有责任都在自己身上。这一症状乍听起来似乎是懂得自省和善于内归因的表现，可仔细想想，却又像极了吸引所有负面情绪与能量的"磁石"。同以上症状类似，这一点同样与年龄和性别无关。我曾不止一次见过这样的案例，社会工作压力极大的父母在回到家后压力无以释放，只能把所有的苦水尽数倒给孩子，或者在夫妻关系疏离的家庭，争夺孩子的那一方总是在向孩子传递自己在婚姻中的不易和痛苦，长此以往，在有意识和无意识的情况下把所有压力和焦虑转移到了孩子的身上。越是早熟和早慧的孩子，越容易在这时产生这样的认知：都是因为我，爸爸（妈妈）才那么辛苦；都是因为我，爸爸妈妈才离婚，一切都是我的错。如果没有我，他们可能会更幸福。

我曾因为好奇与职业习惯在某知名购物网站上搜索"安眠药物"，随之跳转出来的"绿网计划"网页中，除简单的药物说明外，在极其醒目的地方写有"全国24小时免费心理咨询"字样，而在这一选项中，第一个就是"青少年服务热线"号码。说来有些感慨，可这又的确从侧面证实了一个问题——当今社会，未成年人的心理健康问题，早已不容忽视。

无论是站在母亲还是专业心理咨询师的角度上，我都极不希望看到任何一个孩子因这些抑郁相关问题影响到身心健康。为此，我在本书的创作过程中倾注了全部的热情和能量，希望能以此呼吁越来越多的父母，去耐心地了解一些心理健康知识，去和孩子们站在一起，以孩子们的思维方式出发，去真正关注到他们的压力与困境，不要再为他们的痛苦和煎熬贴上"脆弱""矫情""富贵病"的标签。身患抑郁并不是他们的错，我们的目的一直都是相同的，无论这走向治愈的路上需要经历怎样的困境，哪怕是切肤之痛，我们唯一的目标，就是希望与孩子们一起，早日战胜目前的困境。我也相信，困境从来都是暂时的，只要我们用正确的方式，温柔而坚定，那些灰暗痛苦的时光都将过去，永不再来。

此时，春意送暖，阳光满室。我又一次想起了那次因影子而感慨不已的经历。直面阳光与背对阳光时，影子都在相同的地方，看似没有任何区别，也永远无法轻易摆脱。

当我们直面阳光，阴影就在身后，成长、生活中的所有阴暗面都在其中，身暖心凉，就像永远在被洪水猛兽追赶。可当我们换一个思路，转过身来，去直面自己的影子，去和那些曾经让我们痛苦的一切和解，伸出手来，在头顶比上一颗漂亮的心，温暖的阳光肆意播撒、穿越其中，那道阴影是否也更温情、可爱了一些呢？其实，那些阴影，原本不也是我们生命当中不可割舍的一部分吗？

根基牢固的大树常常生长在料峭春寒的悬崖旁边，它们在崖缝中扎根、抽条、努力向上，汲取自缝隙射入的第一缕阳光，风吹雨打不能让它倒下，电闪雷鸣无法劈碎它活下去的希望，那些不能击垮它的，终将使它变得更加强大。

亲爱的孩子，请相信，你的未来远比想象中更加美好！走过这些苦难，你的人生终将一路坦途！

亲爱的家长，请相信，万物皆有裂缝，那是阳光照进来的地方。只要我们一道努力，你的孩子，远比你想象的更加坚强！

为了让本书更具价值，我并未完全按照叙事方式平铺直叙，为了便于父母领悟，我标注了"佳雯解析"；为了促进同行交流，我加入了"咨询师手记"，让愿意深入了解心理学的读者更好领悟，帮助家长防患于未然，促进对家庭教育的反思与亲子关系的改进与优化。

目录

我的痛苦没人能懂，连我自己都不懂

那是一个阴云密布的早晨，初秋的寒意不断袭来，乌云仿佛要包裹住整个城市，渐渐压向地面。当我冲到办公桌前冲了一杯温暖的拿铁，感受温度从手心里慢慢扩散开来的时候，这个孩子便出现在我的咨询室了。

他被四个人好好地保护在中间，一米八几的身高，长相也颇为英俊，眼睛不大，鼻梁高挺，晃眼一看酷似黄晓明，相貌、身材在同龄人中绝对是出众的。然而，他脸色苍白，完全没有健康的血色，仿佛多日未晒过太阳一般。身高虽有一米八几，但是一直佝偻着背让人感觉未老先衰，这一切与他的英俊相貌形成鲜明对比。

围在这孩子身边的，是他的父母和爷爷奶奶。

我见过很多陪诊的人，但一下子来这么多人陪诊的情况，倒也并不多见。

大约是在大半年前，我为一家单位做心理讲座时认识了孩子的爸爸。讲座结束后，他主动跟我交流了关于亲子沟通方面的问题，我当时以为他只是在教育孩子的过程中出现了些许困惑，短暂地交流后，他还特意留了我的联系方式，似乎已经预见到今天的见面。

一周前接到他的电话时，他的声音无比低沉。不仅没有在电话里介绍孩子的情况，甚至没有打招呼和自我介绍，只说孩子吞了很多药，目前已经抢救过来，希望出院后能和我见面，语气里充满担忧、焦虑以及束手无策。

一

这次见面虽然在我意料之中，但也在意料之外。

从走廊的尽头走来，四个家长围在孩子的身边。爸爸走在最前面，愁容满面，脸上的胡子碴儿明显显出他的憔悴不堪。爸爸应该也很久没有睡过好觉了，奶奶在孩子的左侧扶着他的手臂，眼睛里还闪烁着泪花。爷爷用手搭着孩子的后背，花白的眉毛和紧锁的眉头让人看了心也跟着一起揪着。走在最后面的是孩子的妈妈。她始终低着头，黑色长款大衣随着她的脚步在身前有规律地摆动着。

我把爷爷奶奶和这个17岁的少年先请到了外面的等待区休息，准备先单独和父母进行交流，了解孩子的家庭环境和成长历程。

爸爸妈妈随我来到了咨询室。两人各自坐下，离得很远，并且完全没有眼神交流，甚至可以说是面无表情。以我的职业经验来看，他们的关系并不好。

我倒了两杯咖啡给他们，咖啡从咖啡机里满满流淌出来的全过程，他们在我身后一点声音都没有，我能想象他们此时的心情。孩子的妈妈接过咖啡后目不转睛地盯着杯子里散发出来的热气，她应该不太想进行这样的对话，似乎在有意回避我的注视。

"还是我来说吧。"爸爸转头看了看低头不语的妈妈，只好先打破了沉默，开始讲述孩子成长的故事。

"我们结婚后经常因为生活琐事争吵，几乎没有消停过，因为她的父母住在外地，还要帮她妹妹带孩子，所以我们孩子从出生开始就是爷爷奶奶帮着带。孩子5岁的时候我们就离婚了，孩子当时判给了我，但是因为我工作很忙，经常出差，也顾不上他，离婚后我爸妈也一直帮我带孩子，直到现在，所以这个孩子和爷爷奶奶感情相当好。我父母文化程度比较高，爸爸是老大学生，所以孩子小时候的学习习惯培养得很好。"爸爸停顿了片刻，又看向了妈妈。她双手握住杯子，满怀心事却故作平静地看着手中的咖啡。

爸爸转头看向我，继续说着："后来我们各自重组了家庭，她已经另外结婚生了孩子，我前两年也交往了一个对象。孩子和我处的对象不太能够相容，我也尽量避免他们见面，孩子和爷爷奶奶住，我偶尔回去一下，最近两年都这样。"

出于职业习惯，我有意无意地观察两人的动作和神态。说到此时，我发觉孩子妈妈的眼神有些变化，她不自觉地举起杯子喝了一口咖啡，随后她的头略向左倾斜，右手食指一直在杯子边缘滑动，眼泪已经默默流了下来。

爸爸伸出手摸了摸自己右边的脸颊，嘴角略微下压，叹了口气继续说："我承认，我们没有给他一个好的成长环境，忽略了对孩子的心理教育，但在物质上我们丝毫没有亏待过他，吃的、穿的、用的，我几乎都给他最好的。有时我自己买东西还要考虑一下，在他身上从来没有任何舍不得。"爸爸也几度哽咽，"我总觉得他现在已经长大了，离婚的伤害也应该没太大影响了，我们已经尽自己最大的能力来照顾他了，可是，他竟然还……"

说完他看向我："郑老师，是不是他看到他妈又结婚又生孩子，我也交往了对象，把他放到爷爷奶奶家让他感觉被抛弃了？"

爸爸讲到这里，离得远远的妈妈已经泪流不止，我递了一张纸巾过去。

爸爸低下头，双手掩面，继续说道："我真的是一个粗心的爸爸，认为孩子性格虽然内向，但是他喜欢音乐，能唱能跳，直到上周……"爸爸的眼泪开始溢出眼眶，这时妈妈站了起来，走到他身边，递了一张纸巾。

这种情形如果不是出现在孩子的自杀行为之后，外人看来真的很温馨。我看着这对曾经的夫妻，想象着他们之前争吵离婚时的怒目相向，想象着孩子眼中父母的样子，内心不免有些心疼。

"我真的是个很糊涂的爸爸，孩子去年曾经问我会不会再生个孩子。我当时还骂了他一顿，以为他在试探我再婚再育的想法，毕竟他是不喜欢我对象的。现在想起来，可能那个时候他已经在安排后事了，我太糊涂了！太糊涂了！"四十几岁的七尺男儿已泣不成声。

有自杀倾向的孩子在自杀前会通过语言或者行为向外界发出信号。这些信号包括央求父母再生一个孩子，或者用开玩笑的语气说"还不如死了算了""活着真没意思"，或者开始和他人谈论死亡相关的内容；有的孩子通过行为发出信号，比如给家人朋友写信，开始把自己心爱的东西送人，逐一和朋友告别等等。

很多时候孩子看似不经意的一句话、一个行为，实际上是他向外界发出的求救信号，就看旁人能不能识别。父母一定要对这样貌似随意的言行保持高度警觉。比如案例中的这个孩子，就是因为通过微信和同学告别引发同学的警觉从而挽救了他自己的生命。

关于青少年自杀风险评估我会放在本书的最后一个部分。

我看着眼前这对父母，在他们解决自己情感问题的时候，并没有考虑周全孩子的感受，在孩子最需要稳定情感的时候，他们纷纷离场，而此时，孩子却成了他们最深的痛。

如果不是亲眼看到这孩子的现状，一般人很难想象这个长相俊美的17岁大男孩会如此决绝地选择离开这个世界。17岁，正是阳光灿烂的年龄，正是对未来充满期望的年龄，正经历着"青春期"带来的喜悦与烦恼，正是即将成年拥有自己崭新人生的年龄，然而眼前这位男孩的17岁却并无花开。

▼ 佳雯解析：

离异在这个时代已经是大概率事件，我们也认可每个人都有选择的权利与自由，但我们不得不承认，离异对孩子是会产生影响的，有的影响在短时间内看不出，但当孩子成年后一旦进入亲密关系，或多或少都会受到父母婚姻的影响，只不过把离婚处理得好的父母，孩子受到的影响相对较小。

离异前的建议：

1.共同商议、友好分手。让孩子看到爸爸妈妈虽然分开了，但是他们仍然理性相处。这是在为孩子树立遇事积极处理的榜样。

2.夫妻俩和孩子共同谈心。告诉孩子爸爸妈妈分开后只是不住在一起，但是对孩子的爱不会变，孩子任何时候都可以回两个家，给予孩子安全感。

3.告诉孩子：离婚不是你的错。很多孩子会把父母离异的责任归咎在自己身上，"因为我学习不好""因为我不听话"，越小的孩子越明显。还有的父母会经常跟孩子说"如果不是因为你，我早就跟你爸离婚了"（多数时候妈妈爱这么说），加重了孩子的羞愧感和罪恶感。

4.好好规划离婚后的生活。尤其是养育一方，要让离婚后的生活过得比离婚前更幸福、更快乐，为孩子树立积极生活的榜样。

二

或许，离婚在当今社会并不少见，离婚家庭的孩子也不计其数，很多人可能已经麻木，或者已经开放地认为婚姻不该成为家庭的束缚。

我们更应该认真思考的是，当一个家庭变成两个家庭，孩子对此的感受如何，他该如何自处，该如何调整心态。或许从那一刻起，这些问题就已经成了孩子内心的冲突，而5岁的孩子在没有大人的帮助下，又有什么能力去处理这些冲突？

"郑老师，我来补充一些情况吧。"妈妈轻轻拭了拭眼角的泪水，终于鼓足勇气将目光投向我。"我和他爸爸是经人介绍认识的。我不是本地人，考大学的时候来的成都。毕业后就留在了这里。我们的家庭背景有很大的差异。我来自小城市的一个小镇，父母没什么文化，靠做小生意养大了我和妹妹。正是因为他们没有文化，我又是家里的老大，父母期望我能给妹妹树立一个榜样，所以我从小读书特别努力，考上大学、留在大城市、出人头地这些都成了我从小的追求。

"我认识他的时候，事业已小有成就，算是单位当时最年轻的中层干部，加上形象上还过得去，很多人给我牵线搭桥。

"孩子的爷爷奶奶都是知识分子，爷爷是做勘探设计的工程师，奶奶退休前是广播电视局的干部。我作为一个县城姑娘，的确对这样的家庭非常向往，很希望将来的孩子能在这样有文化的环境中成长。我当时就觉得我童年缺失的东西，一定要让我的孩子得到。于是，认识没多久我们就结婚了。

"可是，从我嫁到他们家，就觉得他们看我总是低人一等，我和他妈妈始终难以相处。他又是独生子，他妈妈可能总觉得我在和她抢儿子。我和她妈妈发生争执，他永远不分青红皂白地站在他妈妈那边，这样就加重了我和他以及他母亲之间的芥蒂。现在回想起来，我们每次吵架几乎都是因为我和他妈妈之间发生的冲突，所以孩子小时候的成长环境一直充满着争吵和指责，孩子也能感受到我和奶奶之间的不和，但是我们都爱他，所以他无法分辨谁对谁错。

"我出身低微，所以性格里有点敏感，和他妈妈关系最僵的时候我每天都不想回家，我能明显感觉到我在单位顺风顺水，下班回家后就步履沉重，唯一的想法就是离开这个家。"

说到此处，她的声音有些颤抖，我猜想这些对她来说，应该是人生中一次败笔。如果不是面对孩子的生死问题，她大概没有勇气再回忆这些痛苦的过去。

我用鼓励的眼光看着她，向她轻轻点了点头。她用手轻轻揉了揉额头，转头看了一眼曾经带给她这些痛苦的男人，又看了看我，继续说道：

"离婚后，我其实很想经常去看儿子，但是因为走的时候和奶奶闹得很僵，我就尽量少过去，免得见面尴尬。我对孩子的陪伴也是缺失的。如果不是因为孩子这次的事情，我们是不可能坐在同一辆车上的。

"公正地说，他妈妈虽然对我有很大成见，但是对孩子无可挑剔。从生活上来说，她很会照顾人，把家里也收拾得井井有条，所以孩子的生活习惯很好；她对孩子也很有耐心，从小就喜欢给孩子讲故事，孩子的学习习惯也不算差，假期两个老人还经常带孩子出去旅行，逛博物馆。我的事业心太强了，在家时间少，我知道孩子跟着爷爷奶奶比跟着我强，我发自内心很感谢他们。

"从孩子小学高年级开始，我其实就感觉到了孩子一直情绪不好。那个时候我会每周把孩子接到我的新家，但是孩子已经有点大了，他和我现在的先生相处起来还是会有点不自在。后来他也不常来了，我偶尔给他买衣服和鞋，送过去后也没什么机会深聊。初中开始他的学业非常繁重，我要见他也有点难了，周末经常都是作业没写完或者要补课。有一次我们见面，曾听他随口说过，觉得人活着一点意思都没有，如果不是因为想到爷爷奶奶，他都不想活了。

"当时孩子这句话完全把我吓到了，我那天晚上陪了他很久，带他看了电影，给他买了一个新手机，还劝他学习压力大的话就放松一下，他当时点头答应了。把他送到家以后我马上就给他爸爸打了电话，让他多留意孩子的举动。

"之后每次见面我都会特别注意他的状态，只是觉得他越来越不爱说话，约他出来也常常只是我自己在说，他偶尔给出最简短的回复，大部分时间我们都是安静的。他功课越来越忙，加上我现在还有一个孩子也上学了，我的精力也有些顾不过来，见面的次数越来越少。

"直到上周，接到了他爸爸的电话，我一直担心的事还是发生了。"

听到两人饱含泪水的讲述，我知道这段婚姻给一家人带来了怎样的痛苦。无论对孩子，还是对孩子的父母，从情感的角度讲，我确实不想勾起两人的回忆，但从专业的角度讲，我又不得不完成临床资料的搜集，以便更好地解决孩子的问题。

于是，我向后坐直身体，开始询问孩子妈妈孕期的情绪。

她的眼神转向孩子爸爸，随后又低下头去，将手中的咖啡杯放在桌子上，两手交叉相握。

我清晰地看见她的双手非常细腻柔软，照顾两个孩子却还能保养得如此之好，可见她现在的家庭生活是幸福的，只有内心幸福的女人才更有心情保养自己。

她声音有些低沉，低头小声说："我在整个孕期情绪是非常压抑的。那两年他爸爸在外地上班，工作特别忙，我知道他确实是真的忙，回家的次数很少，偶尔回来一天，一会儿就又赶着回去。我和孩子的爷爷奶奶住在一起，感觉非常压抑，平时产检什么的都是我一个人，看到其他孕妇都有人陪伴和照顾，我就觉得很心塞，甚至有时觉得和那些人一起等待产检的过程是一种煎熬。记得我怀孕7个月的时候，有一次产检，我的鞋带松了，这双鞋的鞋带其实只是一个装饰，但是松开后会有安全隐患，那时肚子已经很大，我够不着鞋带，我坐下后又站起来。又踩在台阶上，总之想了各种办法都没能够到鞋带，突然间情绪就收不住了，坐在椅子上大哭起来。旁边有个孕妇的老公看到了，就弯腰帮我绑好了，虽然我嘴里说着感谢的话，可心里那滋味真是难受。可能那个时候我就已经有轻微的抑郁了，时常流眼泪。"

她伸手摸了摸本来就非常整齐的发髻，顺手将耳边的几根细发撩到耳朵后面。说实话，那几根细发不仔细看是完全看不出的，但她却极为敏感地感觉到它们的存在。

她继续说道："生完孩子以后，家里所有人的焦点都在孩子身上，没有人会关心我的感受。当然他们也不是有意不关心我，只是孩子给他们带来了更多的关注。到现在我还记得月子里，每天孩子洗澡，全家人就都跑去浴室，好几个人一起忙乎这个小家伙，洗完澡又会被大家相拥着抱到客厅，只剩下我一个人躺在卧室，没有人来关心我。有时候我也在想，可能我来到这个家就是为了给这个家生个孩子，我的任务已经完成了。甚至还会想别人家的产妇也许正在被人伺候着喝鸡汤，我却要在月子里自己照顾自己。每每想到这些，我就会自己偷偷地抹眼泪。我也不敢跟孩子的姥姥姥爷说，毕竟嫁进这个家是我自己的选择。他们只在我生产后来这里住了三天。生活方式不同，文化水平不同，他们也实在待不下去。"

她用手指轻轻按压眼角，试图在眼泪落下前就赶紧擦干。我知道这些话她定然是从未跟任何人讲过的，孕期和产后她的心理压力都无处宣泄，自己一个人扛下所有的委屈和不甘，她内心该多想依靠在丈夫肩膀，哪怕什么安慰的话都不说，只是让她靠一会儿，可能她也不会觉得如此难熬。

"唉，算了，都过去了，就不说了。总之，离婚对孩子的影响是我之前没能预料到的，他的问题应该就是我们的婚姻问题造成的。我不该抛下他，不该为了自己离开他。"她似乎觉得自己的话和孩子现在的状况关系不大，不过是在我这个外人面前吐吐苦水而已，于是匆忙结束了自己孕期的描述，然后略有些尴尬地动了动，换了个姿势坐好。

"您是顺产还是剖宫产？生的时候顺利吗？"我像是闲聊一般随口问了句，但孩子抑郁的源头之一我已感觉和怀孕时妈妈的情绪有关，抑郁的妈妈**镜映**不出快乐的孩子。

〈心理术语〉：**镜映**

"镜映"是自体心理学里的术语，意思是指养育者需要像镜子一样对孩子的价值、成绩和成就做出适当的反应，孩子在养育者经年累月的"镜映"作用下，能够逐渐完成从"外部肯定"转变为"自我肯定"，让孩子以自信和高自尊的方式去展示自己健康的自恋。

孩子在早期发展的过程中，会把外界他人的眼光、语气、声音、反应等视作自己的一面镜子：我是被爱的还是令人讨厌的？婴儿尤其会通过母亲的眼神、行为来确认这一点。一个情绪稳定、性格开朗的母亲，婴儿感觉是安全的、愉悦的；一个脸上愁云密布、性格阴晴不定的母亲，婴儿感觉是惊恐的；一个没有反应的母亲，婴儿则会丧失向外界发出信号的能力。作为养育者，我们时时要让孩子感受到他是可爱和受欢迎的。

"我是顺产的，用了两三个小时吧，当时觉得死的心都有，不过还是熬过来了，总体还是很顺利的。"

"生产后，您的奶水充足吗？"我越问越细，她倒是也没有回避，几乎没有思考地立刻给出了答案。

"非常不好，还没满月就已经开始混合喂养，满月后基本上都是奶粉喂养了。"

"奶粉喂养相对母乳没有那么辛苦吧？"我试探性地反问。

"很多人都这么认为，其实不然。奶粉喂养每两三个小时就要喂一次，半夜困得够呛，也得爬起来准备温度正好的水，奶粉也要用好量，好不容易冲好奶粉，喂的时候要一直小心地端着奶瓶，有时还要一边抱着孩子一边拿着奶瓶，好多次都差点睡着。喂完奶，放下孩子，就要赶紧洗奶瓶，因为两三个小时后还要重复一遍这些事。"如我所料，孩子妈妈详细说了当时喂养孩子的不易。

"那还真的是相当辛苦，想必当时是没睡过一天安稳觉吧？"

"可不，都不敢想，就盼着孩子能快点长大断奶。"

妈妈停顿了一下，看了一眼爸爸，似乎欲言又止，我问："您刚才想说什么？"

"我怕他怪我。我知道那个时候我已经不正常了，只是不知道这叫抑郁，这个词是最近才流行起来的，我反观了一下自己，我那个时候可能就是抑郁。每次抱着孩子我心里就觉得好烦，甚至……甚至觉得活着没意思。"

"那你是怎么从抑郁中走出来的呢？"

"可能是后期我妹妹来陪了我一段时间，逐步就恢复了，但是情绪波动很大，经常和他吵架。现在回想起来，我还是应该承担主要责任。"

▼ 佳雯解析：

受激素水平变化，产前产后都容易遭受抑郁的困扰，在抑郁情况下，胎儿暴露于高皮质醇的状态下导致神经发育异常，母亲的语言、行为，尤其是情绪都会整合在胎儿的基因编程中，改变胎儿的大脑和内分泌系统。这也就是为什么对于孩子的心理咨询，我们都需要做母亲孕期评估的原因。

"那您生第二个孩子的时候也是这种情况吗？"

她嘴角略微动了动，舔了下嘴唇，说道："生第二个孩子的时候，奶水倒也不是很好。还好，我先生会半夜起来给孩子冲奶粉，我也就没有那么辛苦。"

听到这，我看到孩子爸爸的眼神里满是不安和羞愧，这大概是他第一次听到这些事情。如果不是孩子出现问题，他大概永远都不会知道自己曾经的妻子经历过什么，有怎样的心理状态。

三

我将两人送出咨询室，让他们与孩子的爷爷奶奶一起在会客室里等待。我看到孩子爸爸特意为孩子妈妈推着门，让她先进。一进门，孩子爷爷奶奶就向爸爸围了过来，虽然孩子妈妈特意坐得离三人很远，但我明显看到了孩子爸爸的眼神在望向她。

我当着家人的面向孩子做了保密承诺，然后把这个17岁的少年请进了咨询室。

我示意他在最舒服的沙发以最舒服的姿势坐下。他挑选了房间最角落的一个沙发，明显有些紧张，左右看了看，手一直攥着拳。我递了一个抱枕给他，让他放松些。

我轻声地问："后悔吗？"

男孩偷偷抬起眼角看了看我，然后点点头："嗯，有点。"

"能跟我详细说一说经过吗？"我试探性地问。

他沉默不语，双手相互搓着，犹豫着要不要告诉我。

"放心，我承诺过会保密。这里也没有录音和监控设备，只有你和我，我们只是聊聊天。你也可以把这里当成树洞，把你不想跟别人说的，都告诉我。"

他用怀疑的眼神看向我。

"从什么时候开始发现自己情绪不好的？"

"初中吧，我也说不清楚。"他有些心不在焉，没头没尾地说着，"那时总是莫名地感到悲伤，经常无缘无故流泪。"

"你当时有没有觉得自己需要心理上的帮助？"

他反复搓着自己的双手，左手拇指已有些发红。我留意到他的手腕处有很多旧伤口，他似乎有些不知所措。"那时，我曾两次向爸爸提出，觉得自己心理有问题，需要接受心理咨询，但是爸爸觉得是我想太多了，完全没把我的话放在心上。"

"是你主动提出的心理咨询？"这让我有些惊讶，本以为是父亲发现孩子出现问题才打算咨询的，没想到，竟然是这孩子自己先提出的。他曾经是多么克制、多么努力想解决自己的问题！我心里无限酸楚。

"嗯。"他轻轻点了点头。

"什么时候开始伤害自己的？"我直视他的手腕，问道。

"你说自残？高中吧，大概。"

"很疼吧？"我的语气中略带心疼。

"说不好。开始用美工刀片割手臂。只是因为心里难受，情绪很差，不知道怎么办能有所缓解。"说着，他用右手抚摸左手手腕的伤痕，眼睛里满是惆怅和悲伤。

"父母知道吗？"

"他们一直不知道。"他轻轻闭上双眼摇了摇头。

"你觉得自己的压力是从哪里来的？"

"说不清。在家里我跟爸爸很难交流。我和妈妈越来越陌生。她有自己的家庭，有自己的孩子，我一直觉得自己不重要。"

"你也是她的孩子。"我打断了他。

"血缘上是，但形式上根本不是。我来这个世界就是个误会。我记忆中的他们总是吵架，我想是不是我不乖，我做错了什么。他们都要追求自己的幸福，我没有权利拦着他们享受自己的幸福，我也发自内心希望他们能找到幸福，有自己的孩子，这样我就可以放心地走。"我没有打断他，但孩子对家、对父母在内心的图像，已经有了清晰的描绘。

"你现在还认为父母当年吵架和你有关系吗？"

"应该没有吧，但是那个时候就想自己表现好一点，还是没能留住他们。"

▼ 佳雯解析：

孩子的眼里只有自己，父母吵架他们会本能地认为"是我让父母这样的"，"如果我乖一点，爸爸妈妈就不会吵架了"。孩子有一种自大或自恋的心理，容易把外界父母的问题看成是自己造成的。这里给父母们的建议是，管理好情绪，把两个人的冲突用更平和的方式解决。如果当孩子面发生激烈冲突，事后要向孩子解释原因，和孩子撇清关系。

"我在学校人际关系也不好，没有好朋友，不想说话，加上高考的压力，有种生不如死的感觉。"

"这种感觉有多久了？"

"该有很长的一段时间了，大概初一下学期开始。当时越来越不喜欢与人说话，只想一个人待着，甚至不想听到别人说话，谁说话，我就会觉得很烦。"

"初一发生了什么，让你有这么大的改变？"

"不知道什么原因。"

他断断续续地描述了自己的情绪特征。总之，情绪总是很差，整天都提不起精神。他感觉生活极其无聊，完全没有乐趣，而且常常突然出现莫名的压抑和痛苦。

"妈妈生孩子那一年你多大？"

"初二。我之所以记得很清楚，是因为初二我外婆从外地来告诉我最近妈妈行动不方便，因为还有一个月要生孩子，外婆来照顾她。"

"也就是说，初一的时候你知道妈妈怀孕了？"

他双臂交叉环绕在胸前，思考了一下，有了一个恍然大悟的表情，我知道我并不需要点破了。

他低下头继续说着："在学校，我经常不满别人的一些做法，心里还特别反感，想说出来又思前顾后，最终还是不敢当着同学的面说出来。"

我安静地看着眼前这个大男孩，他用力拉扯着自己的衣角，把它们攥紧，又把它们拉平，尽管他已经停止描述几分钟了，但我依然没有插话，我知道他肯定还没有说完，他能够平静地向我讲述自己曾经最纠结的心理状态，我必须安静地等待。

许久，他抬起眼睛看我，那慢慢抬眼的过程仿佛过了一个世纪，让人看了就心酸。我微笑着对他点点头，鼓励他继续说下去。

他的嘴唇颤抖着缓慢张开，继续说道："我发觉自己身上有太多缺点，太瘦，不会踢球，也不会打篮球，成绩也不尽如人意。看别人心烦，看自己也心烦。真觉得人活着没什么意思。"

说到这，他咬着嘴唇，身体向后坐，将两只手插在上衣口袋里，我猜想他大概不知道接下来要跟我说些什么，怎么说下去了。

我站起身，给他倒了杯温水，将水放在他面前的桌上，靠近他坐下，他本能地向旁边移动。

他看了看我，将咬着的嘴唇松开，我看到唇边多了一丝血痕。"我在网上买了药，存了一段时间。"

这个孩子把伤害自己的经过慢慢叙述了出来，叙述这件事的过程并没有我想象的艰难。我从他的眼神中感觉不到丝毫的痛苦，他似乎在讲述和自己无关的事。

我小心谨慎地提问，试图询问这孩子做出这种选择时的细节："生活中其实有很多美好，有的来得晚些，需要我们耐心等待；有的藏得深些，需要我们用心发现。这个过程可能很难，需要很大的勇气，不过选择死亡需要更大的勇气。你一定经历了很多事情吧？"

他略加停顿，用依旧平稳的语气继续讲述："初中开始，在家里我总是喜欢跟爸爸唱反调，他说什么我都觉得在责怪我，我就想反驳回去，但我爸是个极其严厉的人，每次跟他对峙，最后只能换来一顿怒吼，所以我只能默不作声。"

"爷爷奶奶呢？你们相处得怎么样？"

他语气平静，却带着些许自责和愧疚："爷爷奶奶很心疼我，对我很好，总是提醒我这个那个，可我却觉得他们在我身边唠叨个没完没了。我也想心平气和地和他们相处，但我却实在控制不了自己，经常会伤害到他们。"

他用双手揉了揉自己疲惫不堪的眼睛，努力回忆着自己曾经经历的种种过往："初二下的期末考试我考砸了，因为初二下期末的成绩会影响我的直升，我觉得我对不起家人对我的关心，特别羞愧。"他断断续续地想到什么便对我说什么。

我静静地倾听，给他足够的安全感和时间，让他尽量说出所有他想说的话。

他略加停顿，继续说道："还有一次老师点名回答问题，我站起来完全不知道他讲了什么。眼前的题就像中了魔一般，根本进不到我的脑子里。只用眼睛在看，根本无法思考。结果站了半天什么也没答出来。老师挖苦我，同学也嘲笑我……当时我就想，干脆跳楼算了！活着真没劲！"他伸出双手遮住自己的脸，将上身俯在大腿上。

17岁，这种花季一般的年龄，正是爱吃爱喝、爱玩爱闹，欣赏美、感受美的大好年华，眼前的他却如此度日、如此难熬，吃和睡本该属于每个人的正常状态，却成了困扰他的难题。我能想象出每个失眠的夜晚，他在床上翻来覆去的样子；也能想象出，这样疲倦的他早上还要背起书包，在爷爷奶奶面前假装一切都好地去上学时的心情。去学校对他来说，不过是换了个地方继续心烦意乱。

此时，我在想，这样的日子，谁又能熬得住？

▼ 佳雯解析：

连续失眠是焦虑和抑郁的前兆，大多数抑郁都是从焦虑开始，父母们想解决孩子的睡眠要从解决情绪入手。

四

我们来到这个世上，常常经历着各种生死考验，每一次生病，每一次意外，甚至每一次体检等结果的过程，这些生死考验或是身体上的，或是心理上的，没有人能逃得了。

生死是一种考验，生活也是一种考验。

生活常常让人感到疲惫不堪，有些人在疲惫中找到平衡点，从而更轻松地生活；有些人在疲惫中努力改变，于是更换了新的生活方式；有些人在疲惫中选择逃避或者放弃，在压抑或自怨自艾中痛苦抉择。

这些选择无关对错。

从初步判断来看，这孩子处于重度抑郁期，好在及时发现，通过住院治疗，他至少已经恢复了沟通的功能。

我给他讲述了抑郁症的生理和心理机制，告诉他抑郁症是心灵的一场感冒，不必背负心理负担，发烧感冒时需要按时服药控制病情，心理疾病也是如此。为了减轻病症，提醒他一定要按时服药，不可自行停药。

他点了点头。

▼ 佳雯解析：

所有精神类的疾病一旦开始用药，绝不能自行减量或者停药，家长或者来访者如果自行减量或者停药，疾病复发的可能性会大大增加。剂量的调整一定要和精神科医生商量。

我把父母和爷爷奶奶全部请入咨询室，和父母交代孩子暂时不适合回到学校，建议药物治疗加心理治疗，并做好对孩子人身安全的防护，防止再次发生自杀自残情况。

这个大男孩在我的建议和要求下，当着亲人的面签署了承诺书，承诺不再做出伤害自己的行为。签完自己的名字，我留存了一份，另一份让这个少年郑重地交到奶奶手中。两位白发苍苍的老人早已泣不成声。

当时的情形一直在我脑中久久不能忘却。那是我第一次，也是最后一次见到他，那个帅气的大男孩。

可能是他居住的城市没有直达成都的动车，可能是其他的原因，这个孩子再也没有来过，我也不知道他是否接受过其他形式的心理帮助。

心理咨询有一个原则：来访者不求助，咨询师不帮助。我后来也没有主动联系过他们。在我写这篇文章的时候我们已经有两年未曾联系，我不知道，也不敢询问这个少年的现状如何。对这个家庭，其实还有很多需要被干预的内容：父子的权利之争、孩子高自尊的重建、与母亲没有完成的依恋……

我打开他的微信，试图通过观察他的朋友圈了解他的状态，封面是他驻足在高楼楼顶俯视着大地的照片，朋友圈设置三天可见，视频号里只看到他弹吉他的手，传来他边弹边唱的歌曲《秋天不回来》。旋律中满是焦虑迷茫和深陷泥沼的内心。面对这些有限却又明确的信号，我虽然对他的恢复并不持乐观态度，但是把音乐视作爱好的他，又让我看到了一点希望，希望这个孩子能通过艺术的表达释放自己被压抑已久的情绪，还希望这个17岁的男孩能够找到一段恋情，重新找回生命的色彩，重新点燃生命的火焰。

作为一个成熟的心理咨询师，我以为自己会理智到刀枪不入。但送走他们一家人，我突然感到一阵悲伤袭来，我意识到自己之所以产生强烈的**反移情**，源自我也是一个母亲。

〈心理术语〉：**反移情**

反移情是指咨询师把对生活中某个重要人物的情感、态度和属性转移到了来访者身上。移情发生在来访者身上，反移情发生在咨询师身上。反移情通常来源于咨询师意识之外的无意识冲突、态度和动机，它是咨询师对来访者产生无意识期待和某些心理需求的外在表现形式。心理咨询师时常通过自己的反移情来推测来访者的人际模式，同时咨询师应该时时觉察自己的反移情，以避免对咨询产生污染。

我们不得不承认，孩子的伤痛有时来自学校和社会，但更多时候来自家庭。原生家庭对孩子的影响是潜移默化的，孩子的成长处处都是家庭和父母的影子。他们每次的心理变化都潜藏在父母的言谈举止中。在案例中我们发现，**原生家庭与核心家庭**的界限不明、婆媳间的矛盾、三代同堂的悲喜、婚姻沟通能力的欠缺，都是导致低质量婚姻的原因，而孕期和产后的情绪困扰没有得到解决，导致胎儿心理发育受阻，孩子出生后争吵不断的父母关系又摧毁了孩子内心的安全感。我们说一个人是被遗传和环境交互影响。遗传不一定必然带来心理疾病的发生，但是环境的不优质必然催生疾病的滋长：父母的再婚再育、父母和自己情感的隔离、学业的压力、人际关系受阻……任何一个因素都有可能成为压死骆驼的最后一根稻草。

〈心理术语〉：**原生家庭与核心家庭**

原生家庭是一个社会学概念。是指儿女还未成婚，仍与父母生活在一起的家庭。

核心家庭也称新生家庭，就是夫妻双方组成的家庭，这样的家庭不包括夫妻双方的父母。这种家庭结构简单，由夫妻、父子（女）和母子（女）组成的三角关系支撑，是一切家庭中最稳定的一种形式。

婚姻可以重来，幸福可以重建。尽管无法忘记痛苦的过去，但至少还有幸福的现在和可期的未来。因为家庭、婚姻以及亲子关系导致孩子的不幸，才是难以治愈的。每一个脆弱的心灵都曾经满怀期待和美好，都曾经渴望关注和关爱，夫妻哪怕离异，却不曾忽略孩子内心真正的需要，孩子仍然能享受阳光、感受温暖，父母对孩子的这份关注，便会成为孩子心底最温暖的力量，孩子将带着这份无形的资产去对抗未来人生路上的风雨。

你的眼里只有"他"

春节前，一位母亲找到了我，接到电话的时候，我明显感觉到这位母亲声音中的疲惫无力，但同时，我更加感受到她给孩子治病的决心坚毅无比。

17岁，正处于青春期中期的重要阶段。这个年龄的青少年时常面对各种各样的困境，学习压力、家庭因素、人际交往等都会使其产生复杂或负面情绪，生活软环境的低质、面对学业和人际挫折不能很好地应对和排解，孩子的心理状态很容易陷入抑郁情绪中，有的甚至可能走向极端。作为家长，更要清醒地认识，抑郁症绝不是简单的"坏心情"，更不是父母口中的"青春期逆反"，而是一种心理疾病，这种疾病还会带来生理上的变化。如果没有科学的治疗，仅凭家长有限的经验，孩子的症状不仅得不到改善，还极有可能加重。

▼ 佳雯解析：

根据流行病学调查，中国抑郁症终生患病率为6.8%，《中国国民心理健康发展报告（2019-2020）》显示，18-34岁青年是成人中最焦虑的群体，2020年，我国青少年抑郁检出率为24.6%，其中重度抑郁为7.4%，并且青少年抑郁检出率随年龄增长呈上升趋势。有的家长可能会发现孩子很长一段时间高兴不起来，这种忧伤不仅表现在表情上，还表现在动作和姿态上，有的孩子可能会对与人交往表现出厌倦、冷淡，对周围的事物失去兴趣，更严重的情况可能会出现记忆力减退、注意力不集中、反应迟钝、创造性下降等情况，通常还伴随着不明原因的失眠、厌食、体重下降、身体疲倦等。而这些外在表现，都可能是抑郁症早期的征兆，家长如果能够有效识别，给予孩子更多的理解、尊重、鼓励和陪伴，将对孩子的健康成长产生巨大的影响。

这位打电话给我的母亲，为了给女儿治病，从另一个省会城市来到成都，两个多月远在他乡的治疗，任何人都会感到疲惫，但这位母亲的态度却让我感受到母爱的坚韧。她们一边接受"拍打"治疗，一边想寻求心理帮助。

电话里，孩子母亲向我简单介绍了女孩的情况。女孩名叫小凡，今年17岁，半年前被当地医院诊断为重度抑郁。医生要求她立刻住院。小凡3岁时因肾炎曾住院两个月，对医院有天然的恐惧而拒绝住院，于是医生开了药，让小凡按疗程服药。然而，服药后产生了比较严重的副作用，小凡无法承受，自行停药。

从那时开始，妈妈便带着小凡踏上了遍访"名医"的漫漫旅途，开始时母女俩在当地的各大医院辗转，时而请假，时而上学。小凡母亲用电话跟我联系的时候孩子已停学三个月，治病已经成了这对母女唯一的生活目标，我特别能理解小凡母亲的选择，在学习与健康之间，每个家长可能都会做出这样的选择。

但我好奇的是，她们来自另一个省会城市C城，她们所在的C城有一个全国知名的三甲医院，这个医院的精神科在全国赫赫有名，医疗资源和心理资源根本不匮乏，我很好奇她们为什么要选择远离舒适的家，背井离乡来求医。

通话过程中我提出了我的疑问。妈妈说她并非信不过医院的治疗，只是担心药物的副作用，她们想尝试一些非药物的治疗方案。听说成都有一位老师在做"拍打"治疗，效果颇佳，又没有副作用，可能对孩子的疾病有好处，于是匆忙来到了成都。

母亲一心想让孩子通过各种无副作用的方法接受治疗，而孩子却并不愿接受心理咨询。她认为接受了心理咨询就代表自己有病。从医院第一次给出诊断到我接到她妈妈的电话，孩子从未接受过心理咨询。而且，她非常坚定地拒绝走进我的咨询室。她认为咨询室与医院并无两样。

临近春节，她们准备先回家过年，年后继续来成都治疗。为了能让我帮助到孩子，返回C城前，小凡的母亲特意约我见了一面。

一

春节前夕，我见到了这位疲乏却又坚强的母亲。

在一般人的印象中，一个40多岁、17岁女儿的妈妈，独自带着女儿在异乡求医，辛苦辗转两三个月，想必应是满脸疲态，我甚至以为我见到的应该是面带皱纹的沧桑的脸、两鬓已经发白，以及不修边幅的衣着。然而，并非如此。

这位母亲的容貌着实有点让我惊讶。虽然衣着朴素，头发也稍显凌乱，但五官完美得可以与明星媲美。平底鞋依然无法掩盖她优雅且脱俗的举止。尽管年龄已过不惑，论相貌和气质，走在大街上一定属于回头率极高的女人。她没有压人的气场，语言温和，态度和善，是那种足以让人一见就愿意与之交往的女人。

"您好，郑老师！"她礼貌地伸出手和我握手，在众多来访者中，这样的见面礼仪很少见，"谢谢您百忙之中和我见面，尽管您在电话里已经提过，小凡此时的状况也许心理咨询并不能完全起作用，但我依然想当面跟您聊聊孩子的情况，或许在辅助治疗方面，您能帮助我们。"

"别客气，作为心理咨询师，我和你有相同的想法，就是尽一切可能帮助小凡。"我伸手示意她坐下，并提示她选择最舒服的方式与我交流。

"我有两个孩子，大女儿小凡今年17岁，还有个14岁的儿子。为了能带女儿治病，我把儿子交给了爷爷奶奶。"

"14岁应该初二吧？初二正是学习压力最大的时候。他愿意和爷爷奶奶在一块儿吗？"

"应该，没问题的。"

她在"应该"后面迟疑了一下，语言在这里停顿应该是有意味的，她的回答似乎很犹豫。作为孩子的妈妈，她怎会如此不确定？

在接下来的交谈中，她讲述了她的家庭，尽管她描述得有些隐晦，但我能在交谈中感到她们家境不错，孩子爸爸家的社会地位应该比较显赫，但她并没有明说。

通过妈妈对女儿病情的叙述，我仍然认为心理咨询对孩子目前的状况不是最适合的。孩子明显处于中度抑郁状态。她能跟着妈妈辗转多地显然不会是重度抑郁，但是对她来说最要紧的是先按照精神科医生的医嘱认真服药，不让病情往更坏的方向发展。等到孩子的身体功能和社会功能部分恢复后再接受咨询就可以事半功倍。

妈妈认为拍打是有效的。之前我从未听说过"拍打治疗"，这种治疗方式也从未出现在任何心理学的书籍中。如果非要找出一个治疗理论依据，应当是行为治疗和音乐治疗的联合作用的结果。我告诉她拍打之所以有效，是因为肢体接触能有效建立妈妈和孩子的心理亲密，拍打也可以通过外在节律促进孩子内在节律的恢复，但是拍打绝不可能从根本上改变孩子目前的病情，我再次强调药物治疗和辅助治疗的差别，药物治疗对于部分中重度的患者也是必要的。如果对药物副作用明显，需要找精神科医生调整药物种类或者调整剂量。

妈妈不断向我讲述药物给孩子带来的严重的生理反应，并且因为副作用过于明显，现在家里还剩余很多药物，孩子经历的痛苦使她们不得不放弃，实在是万般无奈。

▼ 咨询师手记：

在我多年的工作经验中，有的人通过药物治愈了，有的人通过心理咨询治愈了，有的人通过药物和心理咨询的双重干预也好了。但是基于我国精神卫生法更严格的要求，咨询师必须给患者以及患者父母交代"遵守精神科医生医嘱"。遵守《精神卫生法》也是咨询师对自己的保护。

我给她解释了如果一旦已经开始用药但是自行停药会非常不安全。如果感觉药物副作用明显，可以通过复诊来调整药物种类及剂量。她郑重地表示，春节回家后会按照我说的再去精神科复诊。

离开前，我送她到门口，并叮嘱她："如果觉得拍打对孩子有效，可以回家后坚持。如果孩子不拒绝还可以加上其他按摩，孩子可以通过和母亲肢体的接触获得内心的情感支持。如果你想让孩子同时接受心理咨询，建议在当地找一位心理咨询师进行咨询。"

她再次握手向我表示感谢，便转身离开了。

我以为我们之间的咨询已经结束，这个优雅的背影应该会伴随她们离开成都而永远留在我的记忆中。

阳春三月，我再次接到小凡妈妈的微信。她告诉我，自己终于说服了孩子接受心理咨询，希望能与我进行线上交流。

线上咨询也并不顺利，原本约定好的视频，孩子临时只愿意通过语音通话的方式进行交流。咨询是一个逐步打开防御的过程，我非常理解小凡，同意改视频为音频。

孩子在通话过程中表达了自己的痛苦心情。她担心休学这么久再次回学校会跟不上学习进度，担心高考考不上好学校。她的语言很少，表达断断续续，第一次的线上咨询我们有多次长时间的沉默，我没有主动打破沉默，作为一个倾听者和共情者，给予她足够的倾听和理解就够了。

咨询结束时，我提醒她要按时服药，积极调整心情，并在自己能力范围内尽量多运动。

第一次的线上咨询并没有能够帮助她解决什么问题，不过，妈妈在微信里反馈小凡对我的感觉很好。我知道，她能接受心理咨询这样的形式，能和陌生人交流，这已经是很大的进步。

▼ 佳雯解读：

抑郁以连续、长期的心境低落为主要特征，临床表现为心境低落和在现实生活中过得不开心，情绪长时间低落消沉，从一开始的闷闷不乐到最后的悲痛欲绝、自卑、痛苦、悲观、厌世，感觉活着的每一天都是在绝望地折磨自己，消极、逃避，最后甚至有自杀企图和行为，有些患者还伴有躯体化疼痛，胸闷、气短，呼吸急促、困难。抑郁症每次发作，度日如年，持续至少两周以上，有的长达一年，甚至数年，并且大多数病例有反复发作的倾向。

二

4月的成都，到处都是生机勃勃的景象，树林密了，草坪绿了，人们都在享受大自然带来的乐趣，感受春天的气息。宽阔的草坪，绿意盎然的山坡，流水潺潺的溪流，锦江河两侧鲜花正在怒放，成都的春天总是让人无比放松。

就在4月即将结束的时候，我终于在工作室与小凡见面了。

打开门的瞬间，那孩子冲我笑了一下，我刻意地观察她，她能很自如地在门口换鞋，和妈妈讨论是换拖鞋还是穿鞋套。看得出来服药两个月，她的症状正在趋于好转。

她说她想和我单独谈，于是，妈妈便独自留在门外。

她坐下来简单环顾了一下四周，说："你的咨询室很漂亮。"

我笑了笑："我也这么认为，看来我们品位一致。"

我向她重申了咨询的保密性，希望她能够安心地与我交流，她点头示意我后，我们开始进入工作状态。然而这工作状态却迟迟未能真正进入，过了许久，我们都没有开口说话，我等待她开口，因为来访者在咨询中刚开始的言说是很重要的材料，她却没能主动。

她低着头，双手相互揉搓，沉默不语。

我主动开口："今天是你自己主动来还是妈妈要求你来的？"

"是妈妈要求的，但是我自己也想来。"她的回答很自然，在我提问时，她并没有很紧张，也没有封闭自己，这对咨询师来讲是好的开始。

"我们上次线上的咨询，妈妈说你感觉还行，说不是你想的那样，我很好奇你想象中的咨询师是什么样的？"

她看了看我，笑着说："医生，穿着白大褂，一脸严肃。"

"我可不是医生。不过，我倒是很好奇，我给你留下了什么印象？"

"你的声音很温柔，一点也不凶。"

她用了一个南方人才用的形容词"凶"，南方人说"凶"其实不是凶狠，而是严厉。难道生活中有什么人很"凶"吗？我脑子里留下了这个疑问。

她继续说道："我们当时是语音通话，所以我脑子里就想你到底长什么样，是不是和声音一样，人也很美。"

"今天见到我，我见光死了吗？"

她哈哈大笑，完全不像一个抑郁症的孩子，我甚至觉得她的笑声里充满了阳光。

只是笑声过后，她话锋突转："我猜，做您的孩子应该很幸福吧。老师，您的孩子是儿子还是女儿？"

"你觉得呢？"咨询师不会回应和自己隐私相关的内容，但我很想了解她的意图，于是反问她，等着她继续投射。

"我觉得，不管是儿子还是女儿，他们都应该很幸福。"

我立刻敏感地捕捉到了孩子的创伤。

"在你心里，幸福的孩子是什么样呢？"

"阳光开朗，不像我是个病人。"她语气有些低落，但仍然继续着她的理解，"阳光开朗的孩子一定有一个很完美的家庭、有完美的父母。虽然我知道这个世界上没有完美的父母，但是好的父母应该努力学习、与时俱进、优化性格，不断趋近完美。"

刚刚开始交流，我对她一气呵成的表达很是惊讶，我深深感受到北方孩子和南方孩子在表达方面的差异（孩子从小在北方长大，12岁时全家跟随爷爷到南方），同时，她对事物的理解也有自己独到的见解。

"能给我描述一下完美的父母是什么样吗？"我继续追问，试图走进她的内心。

"也不能用完美这个词吧，我只是说所有孩子心目中都希望能拥有完美的父母。"

"完美的父母什么样？不完美的父母什么样？"

"算了，都过去了。"她没有继续她的话题。

我觉察到了她的黯然神伤。因为第一次与这孩子面对面，我不敢太过深入，只好在心里打了个问号，把问题停在了这里："好吧，等你什么时候想跟我说你再说。还有什么想跟我聊的？"

"没有了。"

"那我还想问问，除了妈妈让你来见我，你今天为什么自己也愿意来呢？"

"我也不知道。"

"那你愿意我和你聊点什么？"

"没有。"

连续两个"没有"，我突然感觉到这孩子刚向我表达了亲密，又赶紧把我推开。她很恐惧亲密吗？这是她在关系中的模式吗？

我在心中开始逐步勾勒她和生命中重要他人的关系，我开始思考她和家人的相处方式以及她对家人的看法和态度。

"我一开始感觉跟你聊天很顺畅，你对我的赞美也让我很受用，和你在一起我觉得很舒服，但是我刚才感觉你好像突然把我推开了，我心里觉得有点难过和不知所措。"我回应了她。

"我没有把您推开，我如果要把您推开我就不来了。"

哦，原来这个孩子想要靠近我，但又害怕离我太近，怕自己好不容易设定的保护被轻易打破。我知道她只是想自我保护。

"郑老师，您的孩子多大了？"她再一次问到我的孩子。

"比你小不了多少，刚上初中。"我不能再次回避。

"有您这样的妈妈他真幸福，他是男孩儿还是女孩儿呢？"

"你为什么对我的孩子这么好奇呢？"我反问道，我没有直接回答，也没有拒绝回答，给她留下继续跟我交流的话题。

"对不起，我不该打听您的隐私。"北方人惯用"您"而不是"你"，她向我礼貌地道歉。

我们咨询没有进行多久，但是这孩子两次询问我孩子的性别，加之据我的了解，她的妈妈在她出生后时隔两年后又生了一个男孩，小凡的创伤似乎已初见端倪。

我试探着问她："你觉得我的孩子是女儿还是儿子？"

"我不知道。"

因为想进一步让她自己说出问题所在，我继续深入提问："你希望他是女儿还是儿子？"

"我希望她是女儿。不过，我觉得他应该是儿子。"

"为什么呀？"

"就是一种感觉。"

她的问题呼之欲出，我似乎能感觉到只要稍加引导，她便会说出她的困扰，我大胆地继续问道："女儿和儿子会有什么不同吗？"

"女孩儿不受待见啊！"她几乎没有犹豫，脱口而出。

认知行为理论有这样的观点：人的认识不是由外界环境直接给予的，而是外界环境和自己的主观认知相互作用的结果。这种结果一旦被强化，就会形成"自动化"的思维模式。

我推断，小凡的认知中根深蒂固存在着男尊女卑的思想，这是身边的亲人多年来重男轻女的态度造成的吗？她的抑郁是否也和此有关？

"哦，是吗？"我反问道。

"本来就是，在哪里都是。"她坚决地回答。

"我家是女儿，但是我和她的爸爸都不认为女孩儿不受待见，相反我们觉得女孩儿是父母的小棉袄。"

"老师，您在安慰我吗？什么小棉袄，我觉得我病了以后才变成了他们的小棉袄。"

"他们指的是谁呢？"我追问。

"您明知故问。"

她的情绪明显有些波动，身体略向前倾，呼吸也略显急促。

"我的意思是，你指的是爸爸还是妈妈？"

"妈妈没有，爸爸有，主要是我的爷爷和奶奶。我很讨厌他们。"

小凡的眉头紧锁，我能感受到她对家人重男轻女的态度非常反感，而弟弟今年已经14岁了，虽然我不知道她的抑郁是从何时开始的，但我知道抑郁很有可能是她获取关注的方式。

三

和小凡见面没几天，妈妈要求单独接受一次咨询。这使我心中对这个家庭的画像越来越清晰。

孩子的爷爷在当地地位显赫，而奶奶年轻时候就在家相夫教子。他们生育了两个孩子。老大也是女儿，985高校毕业后留在了北京工作，很少回家。据说当年因为生了女儿，奶奶被爷爷嫌弃，后来才生了小凡的爸爸。爷爷的性格很强势，导致儿子的性格非常软弱，这对北方夫妻很稀罕儿子，对待儿子又很娇宠，所以小凡爸爸自理能力奇弱，虽然从小娇生惯养，但家中重视教育，加之小凡爷爷的社会地位，小凡爸爸知识渊博、见多识广。爷爷目前已经退休，但强势的性格、暴躁的脾气，小凡妈妈用了一个词叫"不寒而栗"，妈妈认为爷爷脾气越来越古怪可能和从很高的位置上退休后不适应有关。

小凡妈妈的父母都只是普通工人，又因为企业改制下岗多年。因此小凡的父母在家庭背景方面相比较为悬殊，当年小凡的爷爷奶奶极力反对孩子的婚事。小凡的妈妈也直言不讳地表达她看重的是对方的家庭，希望由此可以改变自己的社会地位，而小凡的爸爸看重的是她的美貌，她认为他们的婚姻应该算是"等价交换"。因为怀了小凡，双方认识三个月后就闪婚了，这一直让小凡的爷爷奶奶觉得小凡妈妈逼婚在前。直到现在，婆媳关系都很紧张。

小凡出生后因为是个女孩儿，奶奶看了一眼啥也没说直接离开了医院。小凡妈妈在心里暗下决心，一定要争口气生个男孩儿。小凡的爸爸嘴上从来没说过想要儿子，但是迫于压力，也很想有个儿子，所以两年后有了小凡的弟弟。生完弟弟刚出月子，小凡妈妈就很骄傲地把孩子抱去了爷爷奶奶家。从那时开始，她才感觉在"他们家"有了点地位。小凡爸爸也爱女儿，但是儿子出生后，明显地对儿子宠爱有加，尤其是随着儿子的慢慢长大，生活中的点点滴滴，其实小凡是能感受到的，这也是让小凡妈妈心里特别难受的原因，她觉得无法给女儿一个"平等的地位"。

"我今天之所以单独过来，还有件事情要跟郑老师沟通，我知道心理咨询不能隐瞒，我介绍得越全面，对小凡的治疗越有益。"

正如我的猜想，小凡的抑郁，除了父母和家人的重男轻女，肯定还有别的原因。我悉心听着孩子妈妈的每句话，试图厘清小凡生病原因的路径。

"其实在我们谈恋爱的时候我就知道她的爸爸喜欢喝酒，只是没想到每次喝完酒就会发酒疯，骂人打人，砸东西，我们家的东西被砸坏了很多次，有两次差点动手打我，把我和孩子吓坏了，晚上我带着两个孩子睡的宾馆。当然，我明白，孩子爸爸其实也是家庭的受害者。因为爷爷太成功了，以至于他的儿子不管到哪个单位，人家都捧着他，但就是不给他安排做任何事，时间长了他自己很没有价值感。事业不顺，就借酒消愁，后来越喝越厉害，在家里砸东西成了常态。

"有时候他在客厅砸东西，小凡就在自己的房间砸东西，两个人一起砸，我吓得拉着儿子躲到卫生间。他们在外面砸，儿子在里面哭。小凡的抑郁症跟爸爸的行为是有很大关系的。她从五六岁开始就目睹爸爸发酒疯，看到爸爸威胁我，那时的小凡声嘶力竭地哭。为了躲她爸爸，我曾经带着两个孩子在我朋友家住了一个月，后来孩子爸爸登门给我道歉。虽然孩子爸爸发疯的时候我们都很害怕，但是毕竟是她的爸爸，在朋友家的一个月，小凡还会经常担心她爸爸，说想回家看爸爸，但是被我朋友拦住了。"

小凡的母亲眼睛里噙满泪花，她用双手捂住脸，顺便擦去眼泪。我能想象到眼前的这位母亲，在这样的家庭里有着怎样的担忧与矛盾，她有没有为自己当年"等价交换婚姻"的选择而后悔。

家庭矛盾，父亲酗酒，都在小凡小小的心灵里扎根。如今她已长大，难道多年前的噩梦仍然是她的困扰？我也隐隐担忧小凡14岁的弟弟会不会也有心里阴影？我心中的问号依然存在，等待着眼前这位母亲抽丝剥茧。

四

"我和她爸爸其实已经分居四年了。小凡初中的时候，本来可以考家门口的初中，在考试之前我就动了个小心思，一直暗示孩子另一所离家远的中学更好，孩子便报考了那所中学。考上后我就以学校离家远，需要照顾孩子为由，提出要在孩子学校的旁边租一个房子陪读，就这样，正式和孩子爸爸分开了，终于结束了心惊胆战的生活。那时我没有过多地了解孩子的感受，只是觉得她时常闷闷不乐，我以为我们搬出来了，离她爸爸远一些，离酗酒暴躁远一些，时间长了，孩子就好了。

"从那时起，我和她爸爸便一直处于分居的状态，我偶尔也会回去看看她爸爸，帮他整理一下房间。我儿子情商很高，跟什么人都能相处，多数时候都在爷爷奶奶家，周末会过来和我和他姐姐一起，我想等小凡高考后就正式提出离婚。我知道，小凡的抑郁跟我们家多年不正常的生活状态有很大关系。"

"那你有没有想过儿子会不会受到这些事情的影响？"我问。

"至少目前看来应该不会，因为儿子基本上是跟爷爷奶奶在一起，爷爷虽然脾气不好，但对孙子脾气非常好，也非常重视教育。唯一让我担心的是儿子的独立能力可能会欠缺，关键是，现在女儿这样，我也顾不上那么多了。

"对于女儿我也有很大的责任。因为生的是女儿，我在他们家很不受待见，我们两家的差距很大，我婆婆曾经直言不讳地说我们两家根本不是一个等级的，说我嫁给她儿子可以少奋斗很多年。我们双方父母只在结婚当天见过面，结婚之后我的父母和他的父母从来没有见过面，17年了，从来没有！他们根本看不起我们家。"

"能感觉到，在这方面，你自己的内心压力也很大。"

"我自己也有很大问题，可能就是因为他家瞧不起我，我从小对女儿要求特别严格，就是因为她是女孩儿，爷爷奶奶不喜欢，我就觉得我们女人更要争口气，我要求男孩儿能做到的她也必须做到，我太担心她落后了。她小学和初中成绩都特别好，初中时间不够用，除了语数外就只补物理、钢琴和书法。我对她要求很严格，她根本没有玩的时间，我也是后来才意识到我自己有很大的问题。初三的时候，我发现她用头砸墙，当时只是不断开导她，但是我没有给予足够的重视。而且……"她停顿了片刻，欲言又止，"还有一件事……"

作为咨询师，我知道来访者放在最后说的，一定是重要的内容。

"我在小凡初二那一年有了外遇，被孩子发现了。我开始以为她并不知道，高一的时候我们吵架，她才把这件事说出来，这件事情对她的影响非常大，我特别后悔，她觉得我背叛了她的爸爸。"说到这里，她的眼泪终于忍不住流了下来，我看到了她的自责和内疚。

"我没有想到这件事对她的影响这么大。"她微微抬起头，开始详细地讲述前因后果，"他是我的高中同学，我们曾经谈过恋爱，有一年他到C城出差，我们一起吃了顿饭。他一直以为我过得很好，以为我舒舒服服地当着官太太，我所有的同学都认为我通过婚姻改变了自己的处境，其实只有我自己知道我打了牙往肚里咽。可能是他对我还有旧情，还有对我的同情，而我这么多年也确实过得太苦了，完全找不到精神依托，因为小凡的爷爷位高权重，我根本不敢跟任何人说他们家的事，我更不愿意跟我父母说我的现状，就算他们知道，他们在老家，也帮不了我什么忙。在他面前，我毫无顾忌地跟他说我经历的所有心酸，从那之后，我们便有了联系，我的心里似乎也有了寄托。他会安慰我，帮我出主意，我也有了可以说心事的人。他时常发来暖心的话，冰冷中偶然遇到的温情，让我感到格外温暖，尽管我们极力克制，但是最终还是发生了不该发生的事。"

"小凡什么时候知道的？"

"上高中后因为租的房子离学校很近，小凡没有住校，每天放学都回来，有一次他来看我，没能赶在孩子回来前离开，我跟小凡介绍说他是我的高中同学，专程来看我们一家人。那天他也给我女儿带了礼物，女儿当时并没多说什么，可他走了以后孩子就用仇恨的眼光看我，仿佛我很恶心的样子。"

"小凡当时有没有过激的反应？"

"和我吵架很激烈，但是过后我承认自己内心孤独，也告诉她我和这个叔叔并没有其他关系，她说希望妈妈不是骗子，并且告诉我应该和这个叔叔断了，因为叔叔也有家庭，我这么做对不起叔叔家的那个阿姨。从那时开始我就发现孩子常常用异样的眼光看我，而且非常不愿意和我交流，我突然意识到，孩子可能早就看过我和他的聊天记录，因为孩子有时候会用我的手机点外卖。"

"有跟她好好交流过外遇的问题吗？"

"开始的时候并没有，我不知道怎么跟她开口，或者说我知道自己有错，但是我认为我也是家庭的受害者。后来，有一天，孩子又催我回去看他爸爸，我说我不想去，孩子又质问我和那个叔叔究竟是什么关系，问我为什么不回去看爸爸，然后她开始歇斯底里地大喊，说我背叛了爸爸，在我们租的房子里开始砸东西。"她用力按着太阳穴。

"她爆发的时候，你有跟她解释吗？"

"是的郑老师，我知道瞒不住了，等她平静下来我简单跟她说了，我这么多年非常孤独，日子很难熬，确实做了不该做的事情，我立刻当着孩子的面把他拉黑。我第二天给他打了电话说明情况，并提出结束关系，之后我们就没有再联系过了。"她叹了口气，继续说道，"所以，孩子的病其实跟我也是有关系的。而且，高中的学习强度非常大，孩子压力剧增，曾经积攒的所有问题就都爆发出来了。"

我猜想，这大概就是小凡抑郁的导火索，学业的压力，家人对弟弟的偏心，父亲的醉酒暴躁，母亲的外遇，这些都是小凡抑郁情绪的诱因。

五

咨询师对于情感的出轨没有什么道德评判，每一个行为的背后都有看似合理的原因，听了小凡母亲对自己生活细节的讲述，我想我是能够理解她的，只是她没有选择强大自己而选择了依靠他人。

婚姻本来就有着复杂的动机，以爱情开始的婚姻依然无法保证在柴米油盐的枯燥中从一而终，冲突、吵架、冷战都是无法避免的，每个人都有感情冲动，而婚姻是一个漫长的过程，在这个漫长的过程中，如果无法满足爱情的渴求，无法得到彼此的支持和依赖，又如何能够化解婚姻中的危机呢？更何况，家中的男人在成长过程中心理发展任务遭受阻碍，也许他自己还是一个婴儿。

他们的婚姻开始时并非以爱作为基础，不同的婚姻观、两个家庭之间的巨大差别，双方家庭不能"势均力敌"产生的不平等，这些外在因素引起的婚姻问题，更易导致夫妻关系产生质的变化。而这样的家庭关系对孩子而言，无疑是极其没有安全感的。

在和小凡沟通的过程中，她逐渐开始愿意把自己封闭的内心打开，哪怕只是说出自己的想法和感受，对她而言都是极大的进步。我知道她对我说的每句话，都是在努力尝试把自己从困惑中抽离出来，尝试着理解曾经对各种事物的不解，尝试用平和的心态面对外界的不公，甚至尝试着站在妈妈的角度去感受这个女人在家庭中的压抑，我觉得这已经是她能努力的最好的方向。

每一个家庭都不完美，每一个人身上都有这个世界的痕迹，童年的经历是一个人人格塑造的重要时期，特别是青少年时期，这个阶段没有得到足够的来自家庭的爱和温暖，这种情感的匮乏会伴随一生，长大后往往对亲密关系没太多安全感。

孩子已经17岁了，接近成年的状态，我建议妈妈和孩子开诚布公地谈——她的原生家庭、她的焦虑、她的恐惧、她的孤独和她的错误，这样更利于孩子站在全面的角度看待问题而不是靠猜。

▼ 佳雯解析：

很多孩子在父母关系出现危机的时候会从潜意识中发展出一些应对策略。他们不知道父母的关系目前究竟如何，父母分开意味着家的破碎，孩子无法承受内心的不安定，他们会发展出躯体或者心理的症状，比如久治不愈的身体疾病、突然不去上学等，从而让父母把注意力转移到自己身上，而不再去吵架或者讨论离婚。孩子在猜测和焦虑中会产生极大的内耗，孩子一旦开始内耗，他就没有精力应对当下应该做的事：学习。

所以要解决孩子的学习问题，首先应该解决情绪问题；要解决孩子的情绪问题，就要找到引发情绪的源头。

很多家庭，在孩子抑郁之后才开始思考教养模式的偏差，调整自己的教养方式，这对于孩子乃至一个家庭的成长具有重大意义，抑郁从来都不仅仅是疾病，它还和改变与重塑共存。

没有多久，母女俩就回了家，我们大约有连续三个月，每周不间断地网络咨询，随着症状的减轻，我们的频次变成了两周一次、一月一次，到现在有需要的时候临时预约。妈妈在指导下不再强求女儿要出人头地，妈妈也不再抱怨和依赖，准备捡起丢了多年的法律专业，考取律师资格证。虽然和爸爸依然处于分居状态，但是能够每个月和两个孩子去探望爸爸，帮助爸爸打扫房间。更令人欣喜的消息是，小凡决定不参加当年的高考，然后重新复读一年高三，妈妈跟我说孩子想报考心理学专业。

　　成长不易，无论男孩女孩，无论婚姻是否幸福，无论生活是否琐碎，无论是否有缺憾，父母都得好好爱那个敏感的孩子，给予孩子安定的环境，环境安稳了，她才有心情仰望星空。有朝一日回头的时候，他们已经长大离开，而不论孩子在哪里，想起父母，心底依然是稳稳的幸福。

如果我能活到长大的那一天

在多年的从业经历中，大多数涉及子女心理问题的咨询都是父母带他们来，或者是父母要求他们来的，特别是未成年人，他们通常不清楚自己的问题，或者他们无法正确面对自己的问题。

未成年人不同于成年人，他们在生理、心理方面具有较为突出的特点。在生理方面，未成年人身体的各种器官发育尚不完备，随着青春期身体发育速度加快而渐趋成熟，身体各器官及功能急剧变化，此时，他们对物质和精神上的渴求极为强烈。这种生理变化使他们在适应学校、社会、家庭等方面常遇到困惑与不安，这些心理方面的突出特点，需要家长更多的关心和关注，及时加以保护与引导。生理和心理日渐成熟的未成年人，对监护人的依赖性逐渐减弱，独立意识渐渐产生，情感色彩强烈，易冲动，此时的心理矛盾性明显，心理处于较复杂的状态。

从某种意义上来说，未成年人的身心发育正处于一个由不成熟向成熟的过渡时期，他们的人生观、价值观、世界观等思想体系也正处在形成之中。情绪问题和抑郁心理正成为困扰青少年甚至儿童心理健康的最大障碍。未成年人心理健康教育是立国之本的教育，既是一门学科，也是一门艺术。这个时期非常需要家庭、学校、社会等方面给予特别的关心、爱护、引导与帮助。

本章的案例是个稍显特殊的案例，案例中的女孩父母都没有发现女孩的心理问题，反而是女孩自己，清楚地意识到自己出现了问题，并且主动要求进行心理咨询，她将自己的问题、父母的问题、家庭的问题一点点撕裂开来，将问题渐渐暴露在阳光下。

这是一个不是抑郁症的"抑郁症"。

一

这个特殊的女孩叫可可，读初二。

初二处于青春期中期，正是学业压力大、生理和心理变化最大的时候，情绪问题的出现也是最普遍的现象。她的问题属于比较严重的程度，可惜的是她的父母并没有发现，幸好，她自己发现了自己的问题。

▼ 佳雯解析：

在我的临床工作中，初二和高一的孩子最容易出现心理问题。初二学习压力剧增，数学的函数和几何的到来意味着真正数学抽象思维的开始，英语的词汇量的增加和物理学科的到来，生物和地理的会考，把学业的压力推向了高峰。进入高一，学习内容不仅难度更大，容量也加大，老师们把三年的课程用两年时间讲完，最后一年用来复习。老师讲课速度堪称火箭，部分刚进入高一的孩子在这时候会产生很大的不适应和自我否定，从而造成因学习压力带来的心理问题，如果再遭遇人际关系的问题，这个孩子的青春期就只能跌跌撞撞，能否顺利闯关全凭运气。建议父母们提前给孩子做好学业规划，提前告知会遇到的挑战，初三毕业的假期，一定要花一点时间提前预习高一的课程，为进入高一适应高强度的学业压力做好准备。

期中考试前的一个星期，在其他同学都在卷子和习题中忙碌的时候，在她本该努力备考时，她突然感觉胸闷无法呼吸，被同学送到医务室后，她打电话向父母提出要寻求心理咨询师帮助。起初父母很疑惑，平时根本就看不出任何端倪，怎么突然需要心理咨询了。幸运的是，这种疑虑并没有被父母拒绝，经朋友辗转推荐，女孩母亲联络到我。

见到这孩子的时候，天气晴朗得甚至让我觉得阳光有些刺眼，远远走过来两个人，两人都戴着口罩，一位身高略高的人挽着另外一位身材瘦弱的胳膊，我通过着装和肢体语言做出判断，以为穿着粉红色衣服、挽着对方胳膊、半个身子躲在对方侧身，并且神色稍显茫然羞涩的人是孩子，而穿着黑衣、被挽着手，走在前面的人一定是妈妈。结果却是我把妈妈认作了孩子，把孩子认作了妈妈。这是一个很有趣的"判断失误"，不过正是这个"判断失误"给了我一个可以深挖的线索。

来访的女孩身材比同龄人更为瘦削，但身高已接近成年人，她戴着一副时尚的灰边眼镜，身上也散发出一种力量感，从外表看来，确实很难感觉出她有什么问题。

她的母亲是地地道道的本地人，身高不及女儿，身材瘦小，说话也有些无力，反倒妈妈像来访，女儿像陪访。

第一次与未成年来访者见面，一般来讲，我们需要先与孩子的监护人沟通，但是可可却很抵触，当我说要先向妈妈了解情况的时候，可可非常用力地摇头，并且明确表示不愿意让妈妈进来，她的问题她自己就可以说清楚。

为了不让她有心理负担，我尊重了她的想法，和妈妈签完咨询协议后，便请妈妈离开了咨询室，妈妈出门前又反复回头看了看可可，可可有点不耐烦地向妈妈招手，让她出去。

门刚关上，在我还没有来得及说话的时候，这孩子就打开了话匣子，让我有些猝不及防，没引导也没提问，她像早有准备一样开始了谈话，内容也完全在我的意料之外。

"我父母在我整个小学阶段都在闹离婚，争吵基本上是我们家的家常便饭，小学二年级的时候闹得最厉害，爸爸砸坏了客厅里的茶几，还有所有能砸的东西，后来我也有些习以为常。我爸只要发脾气就会对我说，他们吵架完全是因为生了我。我学习成绩不好，他会责怪妈妈没把我教好，每到此时，妈妈也会用责怪的语气来抱怨我，'都怪你'这三个字是我父母吵架时，对我说得最多的，有时候我也不知道我自己究竟错在哪儿，不管他们吵架的起因是什么，最终都会落到我的头上，两个人都会责怪我，好像这么多年，我才是他们吵架的根源。

"在物质上，我父母从未对我苛刻过，也正因为如此，他们会经常说：'你看你多幸福，别人家还没有这么好的物质条件，你太有福了。'我觉得他们根本不理解我，多买几件衣服，多买一些文具，难道就是幸福吗？郑老师，我真的不知道我的幸福在哪里！我完全不想要这些物质上的满足，我想要的是心灵上的慰藉，但是他们却谁都不给我。"

这可能是大多数处在青春期的孩子都会有的心理状态，与父母无法建立良好的沟通，父母的争吵和不理解，物质上充分给予，但在精神上又过度剥夺，这的确是一个普遍的现象，孩子心里的困惑并非没有道理，但凡有问题，必然有原因。

二

我本想趁她说话的间歇提个问题，或者给她些情感上的鼓励，但她完全没给我机会，中间几乎毫不停顿地继续讲述着她的故事，没喝水，没动，甚至都没有表情上的变化。

"我的情绪从小学开始就一直很糟糕，刚上初中一年级的时候，我觉得自己被压得喘不过气来，在一个朋友的建议下，我一个人去医院找了心理医生，谈了一个半小时。"

听她讲到这里，我突然产生了疑惑。因为心理咨询一般会控制在50分钟，最多不会超过60分钟，医院的心理咨询时间会更短，这孩子咨询时的一个半小时是怎么回事呢？于是我不解地提问："一场咨询一般不会超过60分钟，怎么你会用到一个半小时呢？"

"不知道是不是我记错了，印象中就是用了这么久。"可可稍显不安，听到我提问后，略微停顿后回答。

我继续追问："那，医院的最终结论是什么呢？"

"结论是敌对抑郁症。"这次她毫不犹豫地回答我。

"是医生告诉你的吗？"我听到这个结论，有些吃惊，忍不住再次提问。

"是医生写在单子上的。"她略加思索，依然给了我肯定的回答。

我再一次产生了疑惑，因为从来没有一个病叫"敌对抑郁症"，写在单子上就更不可能，医生通常只会写"情绪障碍"，很少会在诊断单上写"抑郁症"，更没有"敌对抑郁症"一说，我猜她应该对我说了谎，但是她为什么要撒谎呢？

我担心我的质疑会让她开启心理防御，但为了更好地了解事实，我必须追问下去，于是小心翼翼地求证："医院当时都让你做了哪些量表呢？"

这孩子显然没有想到我会问这个问题，连忙掩饰道："是同学帮我办的所有手续，时间有点久了，我早就忘记这些细节了。"

我没有继续追问，因为我知道我的追问只会引起孩子更大的防御，于是把这个问号埋在了心里，为了结成治疗同盟，我选择了让她相信我信了。

我喝了口水，也示意她喝口水放松一下，并且换了提问的方向，避重就轻，且语气轻松地随口问道："那一次是谁陪你去的医院呢？"

"我同学。"她丝毫没有犹豫。

我用闲聊的语气继续问："你同学怎么会对那个医院那么熟悉呢？"

"因为她有严重的抑郁症，经常去那家医院开药。"她说话时完全没有抬眼看我，话语坚定，语气也极为肯定。

"你们没有成年人陪护吗？"

"没有。"她摇摇头。

说到这里，我已经能够完全断定这孩子说的看病的经历并不是事实。

在对未成年人进行心理咨询之前，心理咨询师一定要让监护人知情同意的，否则不能对未成年人开展心理干预的工作，这是基本原则，没有哪个医生会违背这种规定，擅自为未成年人提供咨询服务。

但我心里同样清楚，这个孩子之所以要编造谎言，背后一定事出有因，只是我暂时还不能点破。

我想从侧面了解，于是问起她口中的同学："你说你的同学有严重抑郁，能详细说说吗？"

"她自己说她有严重抑郁，我也不知道是不是骗我的，可能是为了获得大家的同情吧。反正，她在社区医院可以开到安眠药，每周她还会分一些给我，因为我长期睡眠不好。"

听到这里我警觉了，安定是处方药，一个未成年人怎么能随意服用呢！医院绝不会在没有处方的情况下随意开药。为了尽快判断真伪，我立刻追问道："你服安定有多长时间了？"

"一年多了。"她毫不迟疑地回答我。

"你父母有发现你服用安眠药吗？"

她摇摇头："没有。"

我反问道："服用了一年多，你的父母都没有发现？那么，你会选择在什么时间什么地点服用才能确保不会被父母发现呢？"

她看了看我，顺手将头发捋到耳朵后面，说道："我一般选择周二或者周四睡觉前。"

"为什么选这两个时间呢？"

"因为周二和周四有社团活动，会耽误我写作业，晚上我就得熬夜写作业，写到深夜就会兴奋得睡不着，所以我选择这两天晚上。"

"服用后效果怎么样呢？"

"对睡眠还是有很大改善的。"

"你有没有担心这个药有副作用，或者对你有一些别的什么影响呢？"

"我知道，这药如果达到一定的剂量，会有什么样的后果，不过，我吃这么少的剂量是没事的。"她平静地回答我的问题，说完，她神情忧郁地补充道，"不过谁又知道生和死哪个结果更好呢？"

我的心又"咯噔"一下，这个孩子可能有轻生的想法，我需要马上做一个自杀危机评估。

"你自己觉得是哪些东西给你带来的困扰？"我语气平和地问。

"具体是什么，我也说不好。在家里，我如果听到妈妈关门的声音大了一些，就会觉得妈妈肯定是生气了。在学校也是，当我在学校看到有同学在窃窃私语，我就觉得他们是在议论我。我总觉得朋友都会背叛我，我不敢和老师沟通，也不敢和同学沟通，害怕和陌生人走在一起，也害怕所有的动物，甚至还感觉有同学要联合其他人来孤立我。郑老师，我真的很害怕。"

听到这里，我有些担忧，这孩子的谎言与恐惧都让我觉得，需要进一步甄别孩子是否有精神病性的倾向，需要做进一步的评估。

"你说看到同学窃窃私语就感觉在说你，你是真的听到了，还是只是自己感觉的？你确定他们真的在议论你吗？"

"可能是，也可能不是，我不敢确定。但是我觉得有的时候没有，有的时候有。"她犹豫着说。

"你除了觉得同学在议论你，你还会看到其他人看不到的东西或者听到其他人听不到的声音吗？"我试探性地询问。

"我有时候会看到一些白影，但是我不确定这是不是我的幻觉。"她缓缓低下头，小声地说道。

"你觉得有人监视你吗？"

"我时常觉得别人议论我，随时在观察我，是不是监视我不确定。"

我看咨询时间已经不多了，对这孩子的情况我还需要再搜集一点资料，第一次来访能够得到这么多信息实属难得，但是得到的信息越多，越需要更深入地了解其中的意义，通过每个细节了解这孩子的内心世界。

我继续提问，试图问出更多的内容："你还有哪些需要补充的？"

"我发现我的梦很准，初二开始我突然发现自己做过的梦都会成真，我的第六感也很准。比如，我能梦到老师讲课的内容，第二天老师讲的和我梦里梦到的一模一样，我梦到和人发生冲突，结果第二天就真的和别人发生了冲突。"

我刚要发问，这个孩子突然用很神秘的表情对我说："哦，对了，老师，还有一件事情。"

我立刻竖起了耳朵，并不是我对他人的隐私有兴趣，而是一般来访者出现这样的表情和语言，多数预示着关键信息就在眼前。

她很神秘地笑了笑对我说：

"除了我的梦很准，在学校，如果同学A偷偷对B说了我的坏话，我有办法让B告诉我，但是A却以为我不知道。郑老师，你知道B为什么会告诉我吗？"

"为什么呀？"我顺着她的思路，用疑问的方式引导她说出原因。

"因为我们可以交换情报。"说完，她的脸上露出了更神秘的表情。

听到这里我的心又"咯噔"一下，这孩子会有精神病性的问题吗？

我赶紧求证："什么叫交换情报？"

"就是每个星期，我们要交换一下班级同学的信息，谁说了我的坏话，谁说了她的坏话，这样我就能全面掌握情况，我有两个这样的朋友。"

听完，我松了口气，幸好她并不是认为这真的是情报，并没有我担心的事情发生。

"还有别的吗？"尽管询问时间已经超时，但我却希望这孩子能对我倾尽她内心的焦虑和不安，我相信她的一切想法和举动绝不仅仅是学校简单的人际交往，一定还有更深层次值得挖掘和推敲的。

"是的，当然还有，就是我妈。"她终于开始说自己的根本问题了，我心中的疑问，以及理解缺失的那部分即将得到答案。我没有提问，只是认真地倾听，并将这个认真倾听的表情作为明确的信号给了她。

她看了我一眼，继续往下说："我妈，她特别控制我，什么都管，我电脑的密码、手机密码她要求全部要告诉她，我时常觉得她会不会趁我不注意偷看我的手机，查看我的电脑，让我很没有安全感。还有我平时的着装，她也要管。我喜欢黑色的衣服，但我妈非要让我穿艳丽的衣服，说我不像个女孩子，但是我喜欢黑色呀，我觉得黑色很酷啊！连我的出行方式我妈都要管。我有时候特别不理解，不就是公交或者地铁的选择吗，我完全可以自己选择，但是我妈从来不给我这个自己选择的机会。"

她略加停顿，终于拿起面前的杯子喝了口水："让我最不能接受的是，我连自己选择朋友的权力都没有，她只允许我交往他们认可的朋友。我本来交朋友就很困难了，他们还要问这问那——这个同学学习怎么样，家庭怎么样，兴趣爱好是什么，我有时候特别不懂他们，为什么交朋友要有这么多的要求。他们不认可的就会对我各种阻挠，跟谁打电话，发微信，她都会约束我。"

我注意到她眼中流露出的无奈，这种无奈绝不仅仅是母亲对她的约束和管教，而是无法喘息的压抑和完全暴露在母亲面前的隐私。

"在家里，他们甚至不允许我关门，进我的房间也从来不敲门，我觉得自己完全没有隐私，我妈曾经还在我的书包里装过跟踪器，我觉得她时时刻刻在监视我的一举一动，我强烈怀疑我妈有强迫症。"她的眉头紧紧皱在一起，似乎她是一个大家长，本次谈话主要是为了帮她妈妈解决问题一样，不过她说的话我还需要进一步核实。

青春期随着独立意识的崛起，孩子对个人隐私和独立空间的要求越来越高，在家中能被孩子掌管的地盘，唯有自己的房间。为了保护自己的隐私，孩子开始锁门、手机设置密码等等。与家长关系越紧张的孩子，他们越喜欢锁门，从心理学上讲，这是一种割裂的表现。孩子跟父母待在一个房子里，他们会有很强的危机感以及厌恶感，为了摆脱这种状态，他们会自己一个人躲在房间里，并且将门反锁，确保父母不能轻易接近自己，用这种方式增加自己的安全感。不管关门还是手机设置密码，都是孩子的独立宣言，父母都应该尊重。

她一脸严肃地看着我，我轻轻点了点头，表示对她的信任和认同，看到她的表情反馈后，我问道："你思考过妈妈为什么会成为这样的妈妈吗？"

"因为我外婆就是这样的。"孩子想都没想就脱口而出，然后她非常坚定地说，"我反正以后是绝对不会生孩子的，我害怕将来我会用妈妈对待我的方式对待我的孩子，就像外婆对待妈妈那样。当然如果我能活到那一天的话。"

最后这句话再一次把我拉回到紧张的边缘，这孩子给我的信息让我有些措手不及："能活到那一天是什么意思？"

她双手掩面，静默许久："我不知道这样的生活究竟有什么意义，我还能坚持多久。"

我评估了孩子出现的躯体反应：失眠、多梦、头痛、四肢麻木、心慌，她焦虑的症状多过抑郁的症状，但是焦虑不解决，往后拖延就可能形成抑郁，所幸来得及时。

结束了这次交谈，我的内心很是复杂。第一次见面就给我如此大量信息的来访者并不多，对这些信息的来源和真实性虽有待考证，但希望于孩子是个好的开始。

三

和女孩聊完，推门而出的一刹那，我和可可看见的是她母亲焦急不安地盯着咨询室大门的眼神。我们站在咨询室外的走廊里简单聊了几句。

女孩的母亲是家中的独生女，他们一家三口原本是和女孩外公外婆住在一起的，吃住都不用他们操心，生活琐事都是可可外婆一手操办，这么多年养成的习惯就是一切听外婆安排。女孩的外公是一名退伍军人，近些年身体一直不好，经常去医院，女孩母亲便按外婆的要求，辞去了工作，开始全职照顾家庭。

刚聊了几句，女孩的父亲也赶了过来，我和父母简单沟通了一下，父母否认了精神病性的家族遗传史，但我提出要求，父母需要近期和我约时间面谈，孩子必须接受每周固定的咨询。

两天后，孩子的父母便坐在了我的咨询室。

父母再次否认了家族精神病性遗传史，在与孩子的交谈中了解到的牵涉滥用药物的问题，我要和父母做进一步核实。

妈妈说在整理孩子房间的时候确实曾经发现过一颗小小的药片，但是对于孩子单独去医院的事，妈妈表示绝对不可能。因为孩子从来没有单独出过门，只有为数不多的几次同学聚会，都是妈妈亲自送去，更谈不上什么医院给出的"敌对抑郁症"的诊断。

正如我之前所想，这些全都是孩子的谎言，于是，我开始引导孩子的父母思考孩子为什么要在我面前说谎，她的目的是什么？

父母听到我的提问有些茫然，他们简直不敢相信孩子会有这么大的谎言。其实无论孩子说了什么，我们的最终目的都是要了解谎言背后的根源，这些原因才是我们真正要深入探讨并解决的。

"孩子跟我说谎，她会得到哪些好处？"我开始启发这对夫妻。

"让你跟我们谈，放松对她学习的要求？"妈妈开始猜测。

"还有吗？"

"她就是不喜欢学习，肯定是这个原因。"

"她不喜欢学习就装成一个严重一点的病人好了，为什么还要说去医院看病，而且还下了一个结论？"

夫妻俩摇摇头。

"每个人的行为背后都有动机，你们想想这个孩子的动机是什么？主动提出找心理咨询师，然后跟心理咨询师说她去医院看病了。"

夫妻俩还是摇摇头。

"有没有一种可能是引发我的关注和重视？"

夫妻俩点点头。

"表面上看是要引发我的关注和重视，实际上想引起谁的重视？有没有一种可能，她生活中得不到别人的重视？她的情绪一直是被忽略的？"

"哦，"妈妈似乎恍然大悟，"想起来了，她去年就跟我说过要我帮她找个心理医生，我觉得她没问题就没有做这件事，我和她爸爸都认为人有情绪是正常的，不至于动不动就看心理医生，这等于是让孩子觉得她真有问题。"

"难道她没有问题吗？"我问，夫妻俩有点尴尬。

"我还有一种假设，"我继续说道，"她引发我关注的目的是希望我和你们谈，从而引起你们的关注。"

我建议他们向我介绍一下孩子的成长经历，以及他们的家庭关系。

"是的，我们夫妻关系并不好。"妈妈听了我的话，立刻开了口，然后欲言又止，仿佛有什么难言之隐。

"都说原生家庭对孩子的影响极大，我自己就深受原生家庭影响。我们家现在的相处模式也不是很好，怎么说呢，我们一家人的关系似乎总是通过讨好来维系的。"

"为什么会这样呢？"

"我也不晓得，反正我们家的相处模式长期以来都是这样的，但是我发现不管我怎么努力，都讨好不了他，他总是不满意，我也不知道问题出在哪里。"

"他是谁？"我问。妈妈把眼睛投向了爸爸。

听到这里，爸爸也开口了："我是山东人，又是独生子，可能有点大男子主义。"

妈妈用余光看了一眼爸爸，爸爸完全没有理会，继续说道："刚结婚的时候她还在上班，我并不希望她上班，我觉得男主外女主内就可以了，我就希望她能把家照顾好，可是她却总是把家里弄得乱七八糟，我看着凌乱的家，心就很烦。我曾经在医院工作，特别爱整洁，就家里整洁这一件事，我说了很多年，但是一点用都没有，后来我就放弃了。"

爸爸叹了口气，无可奈何地说："后来我只希望她能把孩子带好就行了，但她又把孩子管得太紧了，她所有的注意力都在孩子身上，孩子也觉得很窒息。你看嘛，最终又把孩子管到你这里了！"

听到这里，我突然想起上一次孩子曾说的"爸爸遇到什么事都喜欢怪别人，从来不怪自己"。

我对孩子爸爸说："管理孩子可绝不是妈妈一个人的事哦。"

刚说完，旁边的孩子妈妈眼泪瞬间就流了下来，她说："我实在太累了，我已经用尽全力在管这个家、管孩子了，我也希望把家里收拾得干净一点，但是我确实很多事都不会做，最近才开始学做饭。"

"你怎么突然想到要开始学做饭的？"

"可可和爸爸都不喜欢和外公外婆住在一起，我们就另外买了房子，最近正打算要搬到自己的房子里，我想着如果搬家了，生活上就没有依靠了，我必须得学会自己买菜做饭。因为我妈太能干了，做饭打扫卫生啥都不用我做，但尽管如此，我还是觉得自己每天都忙碌得像在打仗，我已经非常努力了，但是他还是不满意，嫌家里乱，嫌我没有把孩子管好，我也觉得很累，不知道该依靠谁。"

此时女孩的妈妈哭得就像一个孩子，她的内心脆弱且无助。

我对她说："你要清楚地把自己的感受告诉你老公才行，一个女人如果感觉没有依靠，很容易就会在心理上去依靠孩子。"我想起了第一次见到母女俩时角色混淆的那个"错觉"。

"是的，我觉得我总是奋力地讨好他，但是这么多年却换不来他对我的关心，他甚至还对我竭力贬低。我真的觉得女儿才是我唯一的寄托和希望。"

孩子妈妈用手背使劲抹了抹眼泪："我知道，我的原生家庭也很有问题，这一点我自己一直都知道，但是我摆脱不了。我从小到大就从来没有自己做过主，任何大事、小事，甚至我生活的全部，都是我妈说了算，直到今天，我所有的钱都在我妈那里。"

听过很多离奇故事的我，听到她口中讲的内容，仍然颇为吃惊，一个接近40岁的女人至今还把钱交给母亲管理，这不仅是一个女人的问题，也是一个家庭的问题。

"为什么呢？"我很好奇。

"从小到大我妈一直就是这么要求的。我的工作、我交往的朋友，以至于我所有的生活轨迹全部都听她的安排，我20多岁的时候在酒店上班，我的生活就是酒店和家两点一线。我几乎没有朋友，也几乎没机会交朋友。我在酒店上班要倒班，不管再早再晚，我父母每天要骑自行车来接我，即使有朋友邀请我下班一起出去，但是父母来接我，我也只好跟父母一起回家，我跟父母说了无数次我能自己回去，可他们坚持要来接我，慢慢就形成了习惯。"

除了生活上的习惯，还有经济上的习惯。"从上班的第一天起，我妈就让我把钱交给她保管，我做什么工作也是我妈替我做决定的，我没办法自己决定做什么，我完全没有自己的生活，也完全没办法控制自己的生活。"

说到这里，眼前这个女人已经泣不成声，旁边的男人似乎无动于衷，我给她递了一张纸巾。

"我知道我的家庭是畸形的，但是我无力改变，我害怕把我妈的模式又套用到女儿的身上，我一直小心避免，却发现自己莫名其妙又重复了母亲的模式。"

在生活中，家庭模式、婚姻模式会不断向下传递延伸，甚至会影响很多代人。父母一代会无意识地传递给子女各种特征，比如身心特征、人际交往模式，换句话说，孩子的各种行为和父母有一定的相关性，有些是好的，有些是不良的，这种传递叫作家庭中的**代际传递**。

〈心理术语〉：**代际传递**

指一个人亲密关系的模式、跟他人的互动模式、婚姻模式、教育子女的方式，大多数情况下是从父母那里潜移默化而来，这就是家庭模式的代际传递现象。

▼ 佳雯解析：

在充满矛盾的家庭里长大的孩子，成年后建立的家庭一般大概率充满矛盾，离异家庭长大的孩子成年结婚后，离婚的概率也更高，不和睦家庭长大的孩子也可能会因为恐惧婚姻而晚婚或者不结婚；被父母或其他照顾者用惩罚、指责、否定、打骂方式培养出来的孩子，长大以后，也会对自己的孩子采用类似的方式；也有少数人可能会通过自己孩子呈现出来的问题觉察到自己的行为模式和早期生活经历的关系，通过学习成长改变，进行自我疗愈，以避免将自己曾体验过的不良方式强加到孩子身上。

在温暖和谐亲密的家庭关系中成长发展的孩子，长大后家庭幸福、事业成功的概率更高，更容易发展出良好和谐的家庭关系和其他人际关系，更有可能用和谐信任的关系陪伴自己的孩子成长，更容易培养出幸福而成功的孩子。

家长的教育方式和夫妻关系是最常见的通过代际传递的现象。被父母忽略，甚至虐待的孩子长大后，在婚姻和教育子女方面，寻求专业咨询和帮助的概率更高。

眼前的这个孩子般的妈妈，她所诉说的生活和感受，恰恰就是上次咨询时，她女儿的生活和感受。

咨询结束后，我邀请妈妈单独再来一次，并告知父母，在给孩子治疗的过程中父母需要同步接受咨询。他们很默契地点了点头，答应会配合我的要求。

佳雯解析：

这个案例中的妈妈其实也是家庭教育的受害者，她自己的妈妈把她投射成了一个没有长大的小孩，其背后有更深刻的动机：把孩子培养得越无能，孩子就越无法离开她。这种畸形的依恋关系，就像把孩子软禁在温情的牢笼中，只有这样，父母才感觉安稳。可当有一天，孩子长大后，意识到自己无法走出家门源自父母自私的爱，要改变却相当艰难。

"愿意待在家里的妈妈"也暗合了爸爸的心意，一方面传递出了爸爸认为女性功能就是相夫教子的价值观，也有爸爸对妻子强大后的恐惧，这个案例中的夫妻恰好在潜意识中配对成功。

婚姻的配对就是这么有章可循，家庭的代际也就这样循环往复。

四

妈妈的单独到访，是在孩子又接受了两次咨询之后，我知道对孩子来说，妈妈的缠绕和控制是造成孩子心理问题很大的障碍，所以我需要先从妈妈这里开始解开"结"。

"跟我说说你的成长经历吧。"邀请她就座后，我开始了我们的谈话。其实，在她这位母亲开口之前，她的成长经历我已猜得八九不离十，只是细节上还需要她自己来描述。

"我的妈妈是一个很强势的女人，她身体不太好，怀我的时候她算是高龄产妇，生我的时候又遇到难产，所以我和妈妈算是一起经历了九死一生的人。小时候，我的身体也不太好，所以我妈妈特别宠爱我，我最近才开始学做饭，是因为之前在家饭都不需要我做，甚至家里的家务活也不需要我来做。我爸爸不善言辞，做事任劳任怨，感觉什么都听我妈的，工资收入这么多年也一直交给我妈管。

"我毕业于旅游学院，毕业后分在一家三星级酒店，上班没多久，我妈说倒班对身体不好让我不要再去。曾经有个机会去广州一家五星级酒店，同学都争着想去，我妈却死活不同意，说是不放心我，还说如果去广州就要断绝和我的母女关系，没办法我就放弃了。后来就在一家餐厅当前台经理，虽然累点，但不倒班，上下班也很有规律，一干就是十多年。"

"你喜欢这个工作吗？"

"没有什么喜欢不喜欢，这份工作是我妈帮我选的，工作也在我能力范围内，这家餐厅离家也不算远，我爸妈就经常来接我，刚开始时甚至天天都来，中午做了好吃的也会特意给我送来，我本来就在餐厅上班，哪需要他们做饭啊。后来结婚生了可可，他们大部分时间用来照顾孩子，对我也就没有原来那么上心了。"她很平静地说。

"照顾孩子的过程中，也几乎都是我妈说了算，我照顾得并不多，因为我妈总说我这个做得不对，那个做得不好。就拿可可婴儿时期来讲，我想用纸尿裤，我妈非说要用纯棉的尿布孩子才舒服，我坚持的话，她就会说反正洗也是她洗，让我不要管。孩子慢慢长大，照顾孩子最多的的确是我妈。三年前，我父亲突然生病，我妈说让我回来，我也觉得自己的年龄已经不适合干服务业就辞职了，到现在一直赋闲在家，几乎天天都在我妈的眼皮子底下生活。

"直到现在，我外出要去哪儿、几点回来，全都要告知我妈，如果不告诉她，她会随时给我打电话问，这就是我的原生家庭。"

说到这里，我看到她的表情似乎在犹豫，便问道："除了你的父母对你生活的影响，还有其他的吗？"

她抬起眼睛看着我，表情凝重地说："郑老师，有件事不知道可可对你说了没有？她爸爸在外面有女人。"话音未落，她的眼泪已悄然流下。

父亲外遇这件事情，可可从未提起，即使后来在我和可可接触近一年，彼此已经很信任的时候，可可仍然没有跟我提起过。

"可可小学的时候，她在爸爸的手机里看到爸爸和另一个女人很亲密的照片……"泪水散发出来的水蒸气雾化了她的眼镜，她取下眼镜突然开始号啕大哭。

我想，这可能是这个女人第一次把压抑了这么多年的痛苦宣泄出来。

作为女人，我是同情她的，很想过去安慰她一下，最后我终究还是按照职业要求克制了内心的冲动，只是放任她使劲哭，大声哭。

哭了许久，她终于平静下来："这个女的是他们医院的护士，我见过。"本已平静的她又开始不淡定。

讲到这里，我对这个家庭勾勒出了清晰的轮廓。

夫妻关系就像是孩子心里的房子，夫妻关系的摇摇欲坠意味着房子风雨飘摇，孩子不得不使出浑身的力量去支撑快要倒塌的房屋。但一个孩子的力量是极其有限的，她用尽全力支撑房屋，整天担惊受怕，内心必然恐慌无助。

而且就孩子本身而言，她的大部分精力都放在了父母关系上，只能用余力来做她自己本应该全身心去做的事情——学习、交友，如此一来，学习成绩必然不会太理想。而且，学业的压力、学校的人际关系、青春期的变化会让孩子产生不确定性，同时孩子也会极度缺乏安全感。

基于妈妈的原生家庭的控制模式，妈妈也就继承了这样和孩子相处的模式，因为她没有其他可以参考的生活方式和情感方式。再加上她无法依靠的老公，更加重了她的焦虑，于是她便要把此生所有的希望，寄托在自己掉下来的肉身上，殊不知这种病态的"母女相连"对孩子的成长极其不利。

这种情况下，孩子会被动接收妈妈的潜意识，有可能发展出各种各样的症状暗合妈妈的心意：留在我身边。孩子最终会成为妈妈希望成为的人，却无法成为自己。

孩子曾在咨询中不止一次地跟我谈起，她和妈妈睡在一起，妈妈每天在床上都要向自己抱怨爸爸，经常听得孩子泪眼婆娑。

妈妈在无意识中把孩子当成了情绪的垃圾桶，却没有想过对爸爸的数落与贬低对孩子会产生什么样的影响。这也就能解释孩子的一个行为：总是背着同学说另外同学的坏话。这个行为也是孩子在学校里人际关系不佳的原因之一。

孩子说还经常感觉有两个自己：一个是在外面迎合假笑的自己；一个是在家里不想说话，一说话便想讨好母亲的自己。

之所以要讨好，因为她觉得妈妈太不容易了。而妈妈那些曾经倒给孩子的苦水，会加深孩子对她的怜悯和照顾，母女角色的颠倒与混乱，让孩子内心产生了更多纠葛而无法完成"我是谁"的心理发展任务。

这个家庭里，母亲眼中的丈夫也许不是一个合格的丈夫，但他不一定不是一个合格的爸爸。

所有的孩子，内心都渴望一个英雄般的爸爸，但是她的妈妈亲手粉碎了一个女孩对爸爸所有的幻想，这对孩子而言是多么的残酷！

接受咨询之前，妈妈和女儿长期睡在一张床上，我建议母亲和孩子赶紧分床，妈妈其实内心极不情愿，但她听从了我的建议，妈妈回到了爸爸房间，默默忍受和熟悉的陌生人同床异梦的尴尬。从这一点来说，这个妈妈又是伟大的，不过我又很担心她再一次重复对家庭的"自我牺牲"。

我告诉面前这个女人："不管怎样，这么多年他在挣钱养家，一个男性在家庭里希望得到感谢、欣赏而非抱怨；作为一位全职妻子和妈妈，也不要因为自己没有经济收入就低人一等，你们是在共同养家，正因如此，面对丈夫你也不必竭力讨好、低三下四，你的力量出来了，你孩子的力量才会出来。你也只有首先照顾好了自己，才有能力照顾好他人，而一个女人不管婚姻是否美满，永远要做的都是自我成长。"

看得出来，这个女人是深爱丈夫的。

五

孩子的问题从来都不会独立存在，就像一个河塘里的鱼，鱼生病了不一定是鱼本身的问题，可能是池塘的水的问题，只要把水的问题解决了，鱼自然就好了，家庭环境就是池塘里的水。

我深深意识到，只有先改变家庭中的夫妻关系，才能改变亲子关系，解决孩子的问题。

在家庭关系的种种矛盾中，妈妈觉得自己没有经济来源，便没有权利选择离婚，用讨好爸爸的方式来维持这个家的平衡和完整，当爸爸批评女儿的时候，妈妈会以讨好的态度自然地和爸爸站在一边，这是妈妈和爸爸能高度达成一致的唯一一件事。

每当这个时候，孩子内心就会更加冲突和迷茫：原本和我结盟的妈妈，怎么突然改变了立场？作为一个十几岁的孩子感到非常不解。而孩子更不会知道的是，也许正是自己的潜意识动机让父母达成了一致。

　　更让我觉得心痛的是，如果不是孩子主动提出想接受心理咨询，这对夫妻根本不知道自己的孩子内心有多么痛苦，也就不难理解，为什么孩子在一开始对我有那么多的"谎言"，她担心没有这些"谎言"的支撑，眼前的这个咨询师会像她的父母一样无法理解她的"病"，无法理解她内心巨大的痛苦。

　　父母关系、家庭关系的扭曲以及父母对孩子情感上的忽略，正是孩子无法信任父母的主要原因。在母亲面前，孩子成为倾听者，以至于多年过去了，孩子甚至从来没有告诉父母她在小学低年级时曾经遭受过校园暴力以及给她带来的影响。

　　在一年的咨询过程中，妈妈的独立意识开始萌芽，通过鼓励和引导，妈妈开始自学心理学，后来还报了学习班准备考取家庭教育指导师。学习的过程就是成长，她在不断改变和自我鼓励中，逐渐找到自我。随之而来的是爸爸的变化，他开始对孩子投入更细腻的情感。

　　在最后一次的家庭治疗中，三个人共同完成了一个沙盘作品，在完成作品的整个过程中，尽管妈妈还是紧紧环绕着孩子，但是也不忘顾及爸爸，而爸爸在独自努力的同时，也不忘照顾妈妈和女儿。我在女儿的脸上看到了逐渐显现出来的笑容，发自内心的微笑。这是这个家庭走向阳光与希望的全新状态和全新关系，心理咨询起到的作用，就是引导他们用新的关系去取代旧有的关系。

在青春期的发展中，这个孩子还将陆陆续续遇到一些问题，比如考前压力的问题，因旧有创伤被激活产生强烈情绪的问题等，同时，这个孩子还有一些暂时未见的创伤可能会在成年后的亲密关系中暴露，但是她已经发展出可以自己处理部分情绪的能力，也找到了一条可以自我救赎的道路。

咨询师关注内在受伤的小孩，给予接纳与允许的过程就像专注于养护树根，把原来陈腐的甚至蛀虫的树根养护成健康的树根。这样，成年之后，那棵裸露在土地之上的大树，哪怕遇到风雨雷电，也能自主地长出强壮的枝干与繁密的绿叶。

在多年的工作中，我发现大部分青少年的家庭，都把问题用绷带裹紧，不让它暴露出来，因为这种自欺欺人可以让自己不用面对痛苦。但那些伤口一直在化脓、发炎，当有一天出现严重症状的时候，干预难度就会明显加大。咨询师做的，就是和这些家庭一起去直面伤口，清理创伤。

当伤口被清理干净之后，身体会神奇地自动愈合，并孕育出丰盈甚至更强壮的血肉。

因为生命自有其成长的力量。

没有伞打的孩子

一

这是一个平静的早上，因为上午的咨询安排得很满，下午又有个公开活动的邀请，我比平日出门早些，打算上班前在办公室提前准备些材料。大厅里冷冷清清，一楼的灯没有完全打开，我独自站在电梯前等待，看着电梯的数字缓缓变化，终于到了一楼。我走进电梯，在电梯即将关闭的一刹那，一双忧郁的眼睛突然出现在电梯门的缝隙间，这种"突然"让人有些惊恐，电梯门再次缓缓打开，幸好是在白天，这情形如果出现在深夜，简直能让人汗毛竖起。

我紧盯着电梯门外，一个大男孩出现在电梯前，男孩看起来十六七岁的模样，身高大约1.7米，眼窝深陷，眼圈暗黑，很明显是失眠所致。他的身后跟着一位身材瘦小的女士，一身白色休闲装，女士看起来应该是男孩的妈妈，两人安静地走进电梯，女士向我点头示意，大概是对再次打开电梯耽误了我的时间表达歉意，我微笑着点头，女士看了一眼电梯按钮，没有按下任何楼层。

电梯里只有我们三个人，但却分别站在了三个角落，彼此在电梯里的距离都很远，母子俩一句话都没有说。我站在最里面，默默看着两人的背影，儿子比母亲高出半个头，身材同样纤瘦，男孩手里的手机一直播放着国际象棋比赛的视频，因电梯信号的原因，直播断断续续。

电梯停下，两人先我一步出了电梯，左右看了看，径直朝我的咨询室走去，我有些疑惑，因为我的第一个咨询还有半个小时，难道是我的来访者提前了这么长时间？我在他们身后小声问道："请问，是找我吗？我姓郑。"

"您是郑老师？"孩子母亲转过身看向我，"不好意思冒昧来访。我们来得有些早，打扰了。"

"没关系。"我打开门，请两人进来，余光看到孩子头都没有抬一下，眼神始终没有离开过他的手机，他似乎并不想来咨询。孩子选择了离我最远的座位，我更加确定他对咨询是抗拒的。他们坐下后，我接了两杯温水分别给两人，那孩子仍然没有抬头，母亲倒是极客气的。

落座后，孩子母亲首先开口："郑老师，我妹妹听过两次您的讲座，她强烈推荐，我们就来了。孩子一会儿要回学校，所以比预约时间提前了些，很不好意思。"

略停顿后，她看了看儿子，又抿了下嘴唇继续说道："孩子一周前在学校晕倒了，这是第二次了，去医院做了检查却没查出什么问题，医院说让我们找心理医生试试。"

"晕倒之前有什么症状吗？"我看着孩子母亲，等待她的回答，她却说不上来，转头看着孩子，孩子一言不发，完全没有要回答的意思，孩子母亲用手推了推孩子的腿，小心翼翼地说："别看了，跟老师说说你的情况。"

孩子很不耐烦地放下了手机，手机里正在直播一场棋赛，被母亲打断后，他这才抬头看向我。孩子憔悴的神情让人感觉他已经很久没有睡过好觉了，除了憔悴，眼神里还带着一些无奈，与刚才电梯里初见的神情比起来，他多了一些不耐烦，这个孩子并没做好心理准备要来见我，他也不知道要怎么开始我们的对话。

"我和孩子单独谈谈吧。"我微笑着对孩子母亲说道。

她毫不犹豫地答应了，便起身离开咨询室。门轻轻地关上，我才开始我们的谈话。

"你很喜欢国际象棋？"我问道。

"还好吧。"他应付着我，我也没有要求他坐到我对面。

"你自己下棋怎么样啊？"

听到我继续追问细节，他似乎觉得自己如果不敷衍着跟我说点什么彼此都很尴尬。他叹了口气，跟我说起来："初中的时候参加过几次全国比赛，也去过新加坡参加过一次公开赛，拿过几次奖。"

"哦，你很厉害呀！你高中几年级了？"

"高三，明年夏天就要高考了。"

"晕倒也许是在提醒你应该休息了，整个高中的学习强度都很大，更不要说高三。"我开始试探性地共情。

"嗯，我觉得学习压力会把所有孩子逼向绝境，如果孩子的父母还不能理解他的话，他活着确实没有什么意义。"一个人的语言往往都是内心的投射，我产生了一丝警觉："你的父母能理解你吗？"

"还行！"他明显在敷衍我。

"你想过结束自己的生命吗？"

"想过，但是我怕痛，还有我外公外婆很爱我，如果我走了，担心他们受不了。"

"看来你和外公外婆很亲啊。"

"嗯，比爸妈亲。"

"为什么呢？"

"他们很宠爱我，小时候我只有在他们那里能得到真正的关心，但我爸不喜欢他们。"

"为什么呢？"

"哎，不想说，头痛。"孩子的防御出来了。

"好吧，等你什么时候想说再说。你第一次想结束生命的想法是在什么时候？"

"很早啦，早得我都记不起来了。哎，我不想说这个，我头又痛了。"

"好，那我们来说说你的近况吧，晕倒之前我想你可能已经做过一些努力了，但是这些努力是不是看起来不是那么见效？"

"是的，我初二就跟我爸妈说过想看心理医生，但我妈说我是青春期反应，我爸觉得男孩子应该扛一下就好了。我平时住宿，周末回家，算是半封闭式学习，我的头痛最早发生在初二，一到考试就很频繁，初三就更频繁了，上课注意力也集中不了。我也很想努力学习，但是有时候头疼，有时候心烦，还有喘不过气的感觉，总之，专注地学习对我而言太难了。一想到马上要高考我又学不进去，我的内心就一阵慌乱，刚开学没多久我就不想去学校了，最后一年反正就是复习，我想在学校复习不如在家自己复习，但是在家里我会更难受。"

"为什么呢？按理说在家比学校轻松了呀，至少家里的氛围会比较放松。"

"一开始我也这么认为，但是我只要在家，我妈就会想各种办法不去上班，她就要在家守着我，我外公外婆也随时问我'你啥时候去上学啊？'搞得我压力更大。我去学校也不是，不去学校也不是，那我就干脆去学校混吧，反正现在老师也不管我了。"

从和孩子短短的谈话中，我基本判断这孩子的问题大致是因为学习压力和家庭成员的不理解带来的困扰。

"除了头痛，还有哪些感觉不舒服的地方呢？"

"整夜整夜睡不着，手和脚麻木，用针刺可能我都没感觉。平时不想说话，今天和你是说得最多的，经常流眼泪，我自己知道我是抑郁症。"说到这里，孩子的眼泪就流了下来，他刚才说的这些都是比较典型的抑郁症状。

"是不是抑郁症可不是你说了算。"对于这些不算太严重的抑郁我一般都尽量去标签化。

"上次晕倒是什么时候？晕倒之前发生了什么呢？"

"第一次晕倒是上周晚自习的时候，当时正在做数学卷子，很多题都不会，老师像监工一样在教室里走来走去。我前面一个同学总喜欢抖腿，他只要一读题，就开始抖腿，读完题写答案的时候才能停下，读下一道题他又开始抖，我强烈怀疑他也有心理问题。只要他一开始抖腿，我就开始心烦意乱，头疼厉害，后来，卷子上的题目我都看不清了，我使劲揉眼睛仍然不行，再后来就晕倒了。我妈接我去医院挂急诊，做了各种心脏检查，住了几天院，啥都没检查出来，心电图全是好的，心脏功能不仅没问题，医生还说比大多数人都好，医生建议我转精神内科，那里的医生给我开了一些药。"

"药你吃了吗？感觉效果怎么样呢？"

"有时候会忘记吃，我自己没啥感觉，我妈觉得我有好转，又把我送回了学校。"然后他又补了一句，"早知道我就不好了。"

他皱了皱眉头，我发觉他对回学校有些反感，便问道："你对学校的感受怎么这么糟糕呢？究竟是学校里的哪些因素让你心烦意乱？"

"刷题！"他毫不犹豫地回答。

"我特别特别、特别特别讨厌刷题，但是同学们都在刷，我每天被这个环境裹挟着，老师也盯得很紧，我觉得自己似乎被一种东西包裹着，好像失去了自由，非常非常、非常非常压抑。"他连续用了四个"非常"，皱着眉头继续说，"越是这种封闭的环境，我越是学不进去，不是我不想学，我主观上很想学习，但我又身不由己一上课就想睡觉，我努力告诉自己不能睡，为了不睡觉我还使劲儿掐自己，我已经尽力了，我拼不动了。"

"你是说数学考试就犯困，其他科目呢？"

他想了想："好像数学考试特别明显，做到中间就觉得眼睛完全睁不开了。犯困主要是数学，其次是物理，语文和英语不会有这种感觉。"

"对于上课睡觉这一块，有没有发现不同的科目打瞌睡的状态也不同？"

"好像是，一到数学课和物理课就想打瞌睡，如果上午把数学和物理都上了，下午没有这两科，下午瞌睡好像就没那么明显。"

从上课状态到考试状态，我发现只要牵涉数学、物理，孩子状态就不好，其实这是因为这两科的学习对于他来说比较困难，这个孩子是在用"睡觉"的**防御机制**去对抗数学物理带来的痛苦。

〈心理术语〉：**防御机制**

防御机制是精神分析学派的用语，最早由弗洛伊德提出，是指一个人将可怕的东西控制于意识之外以减少或避免焦虑的方法，这是个体保持心理平衡的心理机制。

佳雯解析：

1.防御大家也可以理解为防卫、防守、防备。比如有人常常借钱后忘记还钱，那么在他的潜意识中就会用"忘记"这件事来防御还钱的痛苦。

2.一些孩子在临近考试前会出现发烧、腹泻等生理症状，这些症状多数时候都是由于焦虑带来的生理反应。孩子们用生病来防御父母对考试结果的过度期待与指责。这个案例中的孩子是在用"睡觉"防御不擅长学科给自己带来的痛苦。

3.来访者的防御，是精神分析取向的咨询师在个案中常常需要思考的一种心理机制。

4.家长可以学习咨询师"澄清"的提问方式，帮助孩子把笼统的问题具体化。

二

"你其他学科情况怎么样啊？"我一来想印证我的假设，二来想帮孩子澄清他并不是不喜欢所有的学科。

"其他挺好的，语文我的作文经常是范文，英语我就算不学都是班级的中等，生物和化学处于中下水平吧。"他突然话锋一转，"老师，你这里的抑郁症多不多啊？我们班初二的时候有两个休学的同学，一个说是骨折，一个说高烧不退，其实我们都知道是抑郁，老师私下也让我们尽量少和这两个同学联系。我们年级休学的就更多了，一般一个班都五六个，都在悄悄吃药，没明说而已。"

"那你认为这么多同学抑郁的原因是什么呢？"我没有正面回应。

"被学习压的呗！初二那两个同学没来的时候，我就感觉他们应该是抑郁症，其实初一的时候这两个同学都很阳光，但是进入初二，尤其是初二下的时候明显感觉他们的性格就变了。其中有个同学跟我关系不错，是从外地考来的，听说小学是个妥妥的学霸，但是一到我们班就只能是中等，他妈妈一直不愿意承认他是中等生，给他报了很多补习班，还天天打鸡血，他终于崩了。"

"你小姨跟我说你是严重抑郁，我跟你聊了这么久，我觉得你绝对不是严重抑郁，一个有严重抑郁的人是不会跟我说那么多话的。"

"我的得分比较高，医院的结论是青春期情绪障碍，然后后面写了个抑郁，还打了个问号，然后就是吃药。"

"一个人的情绪是会有波动和变化的，我们先不急于给自己贴标签，跟我讲讲你初中的经历吧。"常常有人分不清厌学和抑郁之间的差别，所以我想搞明白孩子究竟是单纯的厌学或别的原因引发的抑郁。我个人很赞成另一位心理专家的观点：不要把一个社会问题、教育问题变成一个医疗问题。

"我初中的时候学习还挺好的，我现在所在的重点学校也是我自己考上直升的，但是进入高一下学期，数学就变得特别糟糕，数学出现问题，物理就产生了联动反应，数学特别拉分，我就很着急。"

"你的文科应该还不错吧，当时怎么没有选文科呢？"

"我爸妈说文科不管高考还是将来就业，选择面都特别窄，他们非常反对。"我在心里叹了一口气，如果父母能够认知到幸福感是人生的终极目标，就会根据孩子的兴趣爱好来做选择，而一个人最幸福的事难道不是把自己的热爱和擅长变成自己的职业吗？

"那你的数学是怎么一步步下滑的呢？"

"应该和疫情上网课有关吧。那个寒假我们一直上网课，我爸妈白天上班我就打擦边球，自己悄悄打游戏，后来一开学发现自己数学跟不上了，我自己也慌了，让我妈给我找了一对一的数学补习。但那个老师很恶心，每次第一节课都让我做试卷，第二节课评讲试卷，然后再刷一次错题，关键是他第一堂课让我做卷子，他自己就玩手机，但我们付的是两堂课的钱！他为什么不提前一周给我试卷，他来就只需要评讲就可以了，这些老师也太坏了，我现在一说到刷题、考试就想吐，是真的想吐。"

疫情让大量青少年产生了心理问题，网课容易给青少年提供打游戏钻空子的机会，青少年们也缺乏真实的人与人之间的互动。人类的本质是社会性动物，陪伴和社交是我们人性的重要组成部分，疫情正是我们最需要社会关系的时候，社会关系的疏远会加剧心理问题的扩散。

孩子描述了补课的一种普遍现象，但其实并不是所有的老师都这样，我也在咨询室听过不少孩子是很认可补课老师的，比如有的补课老师在上课之前先要求孩子用费曼学习法回顾本周学科重点，要求孩子在大脑中建立本周内容的框架和体系，再让孩子给老师讲错题，孩子发现在自己讲的过程中知识掌握就很牢固了。只是我面前的这个孩子遇人不淑。

大家大约还记得富士康的集体心理事件，这些流水线上的工人每天日复一日年复一年单调劳作，这种单调和孤单终于让他们走向了崩溃的边缘，这种单调也会让本来热爱学习的孩子彻底丧失对学习的兴趣。

今天的学校只有代表成绩的"智"很重要，"德体美劳"都显得不那么重要，所以那些"无用"的体育课、美术课、音乐课到考试前都被主科老师挤占。老师拖堂也很严重，很多孩子说课间上厕所都得跑步，这么高强度的学习让孩子紧张的大脑得不到休息，同时，在以学习成绩单一的评价体系下，孩子会产生强烈的自我否定。学习好的孩子也在单调乏味的学习中产生困惑：学习的意义是什么？这些被学校定义为优秀的孩子其实非常迷茫，甚至会讨厌自己，因为他们在做没有价值和意义的事情，他们只知道为了考一个好的分数而努力刷题，他们看不到学习以外的人生意义。

▼ 佳雯解析：

就在我写这篇文章的前一天，我遇到了两个案例。一个是重点学校学习成绩一直名列前茅的初三的孩子刚参加完"二诊"的考试，老师评讲完最后一科试卷，孩子突然"抑郁"了，这个孩子倒在沙发上，用放慢两倍的语速对我说："最后评讲的是英语，我英语分还挺高的，我终于熬下来了，我想终于结束了，评讲完最后一科我觉得我拼不动了。"这个瘫倒在咨询室的孩子几个月后将面临中考。

还有一个是重点高中高二的孩子，突然跟父母说想停学一周，去海边待一待，我问她为什么，她说感觉人生像一个陀螺，每天不停地旋转，但是不知道为什么转，"我似乎都能看到自己的人生和别人的人生，就是读书考大学然后工作，这样的生活我找不到意义"。

当温饱问题没有得到满足的时候，我们不会去考虑精神层面的需要，比如人生意义的问题，但是这一代孩子物质早就过度了，他们就要思考精神层面的问题，今天的学校教育显然不能满足他们的精神需要。

当家长能够看见学校主体教育单一的价值观，我们不是要家长去和主体教育进行对抗，而是在与主体教育共存的情况下，家庭教育要成为主体教育的补充而不是帮凶。学校的价值体系单一，家庭就要为孩子搭建价值多元的体系。学校强调学习，家长就不能再去强调学习，而应该让孩子去接触那些在学校无法获得的知识。

"学校让你感到压抑，除了学习以外，还有没有哪些人或者事让你不喜欢？"

"郑老师，我不喜欢学校很久了，从小就不喜欢，我能跟你说说我小时候的事吗？"

"当然，我很乐意对你多一些了解。"这个孩子的态度从一开始的敷衍转变成了配合，他被鼓励得越多，对于治疗就越有好处。

"我想从小学的学校生活跟你聊，那是让我刻骨铭心，也非常痛苦的日子。"

"小学？被同学欺负吗？"我的第一反应就跳了出来。

"你怎么知道的？我妈跟你提过？"他突然从离我较远的侧面位置坐到了对面，这个行为是一个积极的信号。

"不，我今天第一次见你妈妈，我们也没有微信，都是你小姨和我联系的。"可能是常年的一种职业敏锐，处理过太多案例，基本都能估个八九不离十。

"好吧，那我说说。"他直视我的眼睛，郑重其事地讲述着他曾经的过往，"郑老师，你知道我妈以前最常说的话是什么吗？'这孩子不知道怎么回事，在学校总是受欺负。'她说这句话没有丝毫的同情，反而认为是我的问题。记不清是三年级还是四年级，有个同学会拉帮结派笼络一些男生来欺负我，一开始我告老师，老师也会批评他们，但回家跟我妈妈说，我妈觉得只是同学间开玩笑，男孩子闹着玩儿，受点小伤没什么大不了，很轻易就和对方家长和解了。没过多久，我又被别人欺负，我妈竟然很肯定地认为一定是我的问题，还说谁让你不吃饭，长这么瘦当然要被欺负。我就不明白了，被欺负的明明是我，到头来我妈还总觉得是我的问题。我唯一一次对同学做出反击，我妈就被班主任请到了学校，面对同学的家长她一个劲儿赔礼道歉，还让我给同学道歉，我简直无法理解，但又辩解不了，是我先动的手。"

说到这里，孩子的眼泪扑簌簌就流了下来："回家后她还说一个巴掌拍不响，让我自己好好反思，我当时就特别想知道我到底是不是她亲生的，为什么每次都是我的错。"

▼ 佳雯解析：

孩子的解读其实不一定客观，但因为孩子受到年龄和阅历的限制，看待问题只能是单向地站在自己的角度理解。孩子年龄越小，感受性越强，解释性越弱。也就是说孩子的描述可能不是客观事实，但是在成年人看起来孩子近乎"偏执"的感受于自身而言却是真实存在的，并且不断影响他对外界环境的评判和感受。

当家长们听到孩子回家向你描述老师同学的"不公"和"错误"时，孩子需要的不是理性分析，而是希望你能站在他的角度和他"同仇敌忾"，寻求对他情绪的理解与共情。比如孩子回来说某某老师很讨厌，你可以回应"哦，妈妈听出来你非常不喜欢这个老师，你很生气""换了我，我也会很生气的"……当孩子感觉你和他站在同一战壕，他的心门就会逐步向你打开，从而让他的情绪有了释放的空间而不被压抑。等孩子情绪平静下来后，再和他做理性探讨。

"能不能告诉我，那一次为什么那么勇敢？"我要帮助孩子寻找积极资源。

"父母靠不上只能靠自己啊，没有伞打的孩子只有奋力往前奔跑。"

"打得好！"我支持了他，"如果你不打他，他下次还会欺负你，所以第一次就得打回去。"

"我爸妈不那么认为。"他叹了口气，继续说道，"我爸爸做生意，家里大小事他都不管，就是给钱，我们家经济条件还是非常不错的。我妈对我要求一直很严格，她常说我爸除了给钱对家里没有任何贡献。她从小就告诉我不能欺负弱小的人，对所有人都应该彬彬有礼，应该管理好自己的情绪，不高兴的时候也要克制，这是一个人基本的涵养。她讲的这些东西听起来都很有道理，但是我又总觉得哪里不对，我现在已经习惯了遇到任何事都忍耐，遇到事情就自己反思，但又觉得这也有问题，因为我自己越来越不舒服。

"爸爸经常不在，在的时候也只问成绩不管其他，我和妈妈都得不到他的关心，我觉得我才是家里的男人，我不仅不能给我妈添麻烦，我还应该保护好她。

"还有一件事我印象非常深刻，到现在都无法忘记。我很小的时候去楼下玩，和一个小朋友发生了肢体冲突，可能是我的手有点重，对方就哭了起来，他妈妈走过来就直接给了我一巴掌。我回家告诉了我妈，我妈说不可能，说是我自己瞎编的。"孩子本来已经收起来的眼泪又溢了出来。

我突然想起之前的案例，来访者是一个大学生，明明是充满朝气和希望的年纪，她却说自己的生活充满了自卑和不安。因为从小到大，不管她跟父母抱怨什么，父母只会给她一句："会怪的怪自己，不会怪的怪别人。"这种近乎"自我检讨"式的生活态度，像魔咒一样将孩子感知幸福的能力统统隔绝在外。

"自我检讨"理论，不仅不会把孩子教得更好，反而会将孩子的力量压抑下去。它吞噬了孩子的安全感、力量感，孩子会逐渐变得收缩而敏感，且毫无自信。孩子不敢争取自己的利益，不断自我怀疑，被自责捆绑，说话总是唯唯诺诺，做事总是小心翼翼，离快乐的自己越来越远。

我看着眼前的大男孩，心中五味杂陈。

当孩子被欺负的时候，最需要的就是父母坚定地站在他背后。我们不能让孩子孤军奋战，因为父母且只有父母和孩子是血脉相连的战友。

郑渊洁讲过一个故事：女孩被同学栽赃陷害，红口白牙地冤枉她偷了钱包。她百口莫辩，可是这个女孩却非常冷静地表示："我要给我爸爸妈妈打电话。"因为她的父母不会质问她，更不会不分青红皂白就把责任推到她身上。是父母，给了她底气。

父母对于孩子而言是守护神，是孩子在外面遇到狂风暴雨时，有且仅有的避风港。哪怕父母只是往孩子身后轻轻一站，也能给他们源源不断的底气。要让孩子感受到：无论发生什么，不管我对了还是错了，我的父母都能帮我兜底。

三

"小时候，经常有同学欺负你吗？"我试探地问道。

"嗯。"男孩点了点头。

"很多次。有时候故意绊倒我，然后站在旁边哄笑；有时候故意在课间把厕所门反锁上，让我上课迟到，看我被老师骂；还有时候用胶水把我的书贴在一起，害得我翻不开。还有一次，合唱比赛我妈给我买了新白衬衫，我站在第一排，合唱结束的时候我的背后就出现了很多钢笔印。"

"你没想过还手吗？"

听到我说还手，他突然抬起头："我还手事情就更麻烦了。"

看我一脸不解，他继续说："我还手，妈妈又会去学校赔礼道歉，回家我还要挨批，所以我还是忍了吧。"

"你觉得跟妈妈解释没用对吧？"

"是的，她每次都说是我的问题，说我推卸责任，让我自己多反省。"他看了我一眼，又低下了头，"其实有时候，我觉得她说得也对。"

"上初中以后呢？"

"初中刚开始的时候被一个同学欺负，那个时候我比较柔弱，后来自己做了一些改变，就没再被欺凌了。"

"我很好奇，你做出了什么改变让你不再受欺凌？"

"我通过运动，学跆拳道，对体力和体能都进行了锻炼。我的体能上来的时候我明显感到我的力量感在提升，可能是我身上散发出来的力量让他们不敢接近我了。"我不禁为来访者总结问题的能力刮目。

提倡孩子多运动的原因不只在于强健身体，从心理学的角度看，一个经常运动的孩子，自信心也能获得很大提升。

孩子在与同龄人的互动中要学会如何沟通、退让、坚持和妥协，这个转变的过程对孩子而言是困难且重要的，每个家庭都该尊重和理解孩子在转变中内心的担忧和不安，帮助他们稳定情绪、答疑解惑。

小学和中学阶段父母最关注的是学习，往往会忽略情绪的波动和身体安全，身体不安全必定会带来心理不安。孩子在被欺凌后，通常有两种反应：第一种反应是寻求帮助，解决问题；第二种反应是默默忍受，忍气吞声。

不管孩子做出什么样的反应，这些行为背后的思考都来自家庭。一个选择忍辱负重的孩子的家庭，父母一般强势，以自我为中心，在平时的教育中，他们不会感受孩子的感受，只会一味地压制孩子。这种压制的环境会培养出"听话"和"乖巧"的孩子，"听话"和"乖巧"的孩子也一定是憋屈的孩子，一生难有成就。还有一种父母，自己本身就怕事，没有力量，而没有力量的父母教不出有力量的孩子。

▼ 佳雯解析：

孩子对校园欺凌的应对方式其实就是一个孩子面对困境的方式，我们可以管中窥豹。比如，当孩子面对性骚扰，有的孩子选择默默忍受，而有的孩子却能铿锵有力地说"不"，究其根源，都和父母的教育方式有关。一个孩子如果不敢在家里说"不"，就不敢在外面说"不"，一个敢说"不"的孩子敢于争取自己的权利，较少出现心理问题。

"郑老师，其实有时候我觉得我妈根本不关心我。"

"你是说在学校受欺负之后，你妈妈没有在你背后支持你，给你依靠是吗？"

"是的，确实有这种感觉。我在学校发生任何事，我父母都是没用的，他们什么都帮不了我。"他双手握拳，心底的压抑不断涌出来，"我是他们的儿子啊，我只是个孩子。"

望着这个只大我女儿几岁的男孩，我着实有些心疼。

这孩子用紧握的拳头用力捶了一下自己的大腿，继续说道："不过，不仅如此，我印象中父母每次吵架最终也都会落到我身上，我妈经常说如果不是为了我，早就离婚了，也不用受我爸的气，我爸又会说那么多钱养了我这个没良心的白眼狼。有一次我爸动手打我妈，我上去拉架，被我爸推到桌角流了血，他们竟然都没有停手。"说到这里，他低头用双手捂住自己的脸，"哎，不想说了，不想说了，说了也没用。"

"现在在家里还会感觉到压抑吗？"

"自从我生了病，他们比过去好一些。"

▼ 佳雯解读：

当一个孩子的情绪被压抑的时候，情绪就会通过身体表达抗议。对这个孩子来说，情绪通过头痛、失眠、四肢麻木的方式在向他表达抗议；孩子又通过晕倒向父母表达抗议或者自我救赎。

家庭情感的陪伴与支持是每个孩子渴望的，然而家庭却给他带来了创伤。父母关系的不和谐、父亲的强势，营造出压抑的家庭氛围，母亲在处理孩子的情绪上一味地让孩子退让，都给孩子造成了困扰。孩子在成长和发展过程中缺乏理解与支持，很多愤怒、悲伤、恐惧就被长期压抑了下来。

情绪的火山终究会爆发，不选择现在就选择在将来的某一时刻，当遇到外界类似情景的时候，一触即发。压抑的学校环境还原了当年的家庭环境，即将到来的高考压力就是点燃火山的导火索。

每个孩子的内心深处都是渴望被人理解和尊重的，特别是自己的父母。父母对子女的影响是潜移默化的，也是根深蒂固的。很多遭受校园暴力的孩子，都没有在家庭中得到强有力的支持，他们比一般人更缺乏安全感。

我必须承认，这个孩子很"早熟"，他用压抑自己情感的方式来维护母亲的情绪，当他的母亲不断引导他进行自我反省的时候，他不仅一次次地按照母亲的话自我对照，更不断要求自己当一个让母亲省心的孩子。特别是在经受校园暴力的过程中，他的每一次隐忍，其实都源自他对母亲的爱或者是父亲粗暴对待母亲的同情，但是一个孩子终究是没有能力整合这些复杂情绪的。

我想对那些遭受校园暴力孩子的家长说，如果你的孩子被欺负的时候，你应该支持孩子勇敢反击，并底气十足地告诉对方："我没错，错的人是你！"这样的孩子长大后，就能坦坦荡荡地为自己争取正当利益；当你张开双臂，将他拥进怀里说："没事的，孩子，有妈呢。"那时候，你就稳稳接住了孩子蓬勃的生命力。

在咨询结束前，我把孩子的妈妈请进了咨询室，跟她探讨孩子抑郁形成的原因。

"郑老师，你觉得他真的是被人欺负了？"她仍然在思考是不是自己孩子的问题，"我有些不明白，就算是受欺负了，但小时候的事情已经成为过去了，初中他也挺正常的，为什么高中会抑郁呢？"

"一个人如果经历创伤性事件，随着时间的推移这件事的细节也许会淡忘，但他当时所感受到的情绪会被压抑下来，一个人所有的情绪都不会消失，只是暂时被活埋，在情景合适的情况下它会以更加激烈的形式爆发出来。"

妈妈点了点头。

"当然，孩子受年龄和阅历的影响，他的认知图像肯定有不客观甚至错误的信息加工，但是他当时内心的感受却是真实的，于是这幅带着强烈负面感受的认知图像逐步在大脑中稳固下来影响现在的感受，心理咨询的目的就是要帮助孩子修改他的认知图像。"

就如"感觉妈妈并不爱我"的结论，需要在咨询的过程中去和孩子一一澄清，寻找被爱的证据。

我向妈妈讲解了孩子在外遭遇他人欺负时的内心活动。在中国，所接受的教育更多的是遇到问题先让孩子自我反省，这反而纵容了一些不良行为，"打回去，我支持你"不是在纵容欺凌，而是在用另外一种方式减少暴力事件的发生。作为家长，要做孩子的倾听者和支持者，当孩子试图说学校的事时，孩子只是想找一个倾听者，家长是他们的首要选择，不会撑腰的父母，培养不出有力量的孩子。为孩子撑开一把伞，纵然风雨交加，他也不怕。

对这个孩子而言，创伤也会让他成长，他会在这样的环境下产生不断适应环境的策略，发展出独立面对问题和解决问题的能力。

我叮嘱孩子要坚持咨询，除了校园的欺凌事件，孩子厌学的问题还没有解决，我们还有很长一段路要一起走。

▼ 佳雯解析：

抑郁症与正常情绪低落的区别：

1.抑郁症在程度和性质上超越了正常变化的界限，常有强烈的自杀意向。

2.抑郁症可具有自主神经功能失调或身体伴随表现，如早醒、便秘、厌食、消瘦、性功能减退、精神萎靡、症状昼夜波动等。

3.抑郁症有时还伴有精神病症状，如妄想、幻觉等。

4.抑郁症与正常人因灾难性创伤境遇所致的忧伤心情也不同，后者一般不超过6～10周，心情可自然恢复正常。

如果父母发现孩子有抑郁的征兆，请看书后所附的抑郁自评量表（SDS），可以给孩子做一个初步的测试，如果超过标准，需要立刻寻求专业心理帮助。

我是海后

　　青春期是由儿童发育为成人的过渡时期，是童年向成年过渡的重要阶段，是生理、心理、社会适应能力从不成熟趋向成熟的发展过程。在这一复杂的阶段里，孩子的心理发生着巨大变化，发生早恋、暴力、成瘾行为等问题也屡见不鲜。这些心理和情绪上的变化往往来自家庭背景、学习负担的压力、人际挫折后的情感补偿和精神寄托，还有来自外界网络、影视、书刊等的影响。如何引导孩子正确认识自己，理智对待学习、生活和异性，使他们的生活健康、充实、积极、向上，是学校和家庭应该重点关注的问题。

　　2021年5月的某一天，成都某中学一名高二的孩子在学校纵身一跃，引发了成都家长们的集体恐慌，5天后官媒发布调查结果，当晚我本来打算只在自己三个"心理辣妈"群做一个分享，主题为《青少年自杀风险识别与防范》，没想到群里的父母听闻这个话题，很快又帮我拉了10个群，可见父母们有多恐慌。

　　这个案例中小A的妈妈就是在这次公益课程中听课后找到我的。

当媒体网络铺天盖地报道这则新闻并引起热议的时候，年龄相仿且内心复杂、情绪有些低落的小A便出现在我的咨询室中。

▼ 佳雯解析：

自杀具有传染性。根据世界卫生组织的报告，歌德在18世纪末的小说《少年维特的烦恼》出版后，在欧洲曾引发过一阵自杀潮，很多人看到书中的男主角因为最后无法和所爱的女人在一起而饮弹自尽，并在自己真实的人生中效仿；张国荣自杀后，第二天全香港有六名男女跳楼自杀（数据来源于网络）。

一个知道同事自杀的人，自杀概率要比一般人高出3.5倍，如果有亲人自杀，那么，这个人自杀的概率要比一般人高出8.3倍。我们无法统计校园自杀对其他学生影响的具体数据，但是可以肯定的是，他人的自杀行为会成为另一个人自杀的催化剂。我也在这里提醒家长，如果孩子学校有人自杀或者目睹自杀，一定要请专业人士对孩子立即进行心理干预。

正是受这则新闻的影响，小A主动跟父母提出要进行心理咨询。她身高接近1.7米，头发齐肩，中空刘海显得人很精神，特别是一双水汪汪的大眼睛，状态好时显得炯炯有神，心情低落时眼神也会明显暗淡下来。在她和我工作一段时间后病情逐步趋于稳定，在治疗的中后期她谈吐都极为自然，比其他来访者更善于表达。而且她性格外向，说话也幽默风趣，很容易沟通和相处，平时她会称我为"郑老师"，有时讲到开心的事就会称呼我为"姐"，虽然我跟她妈妈年龄相仿；忧郁的时候她会把头直接倒在沙发扶手上有气无力地和我说话，多数时候她喜欢脱了鞋盘腿坐在沙发上喜形于色地描述所闻所见、所思所想。总之，她是一个很立体的女孩儿，我认为她待人接物的能力在同龄人中应该也算是比较出众的，我们结束咨询很久，我还时不时想起可爱的她。

一

成都的春天总是伴随着绵绵细雨，雨是上天给予世界的恩赐，有一种润物细无声的感觉，似乎所有的生命都能受到灌溉。我望向窗外，雨滴轻轻打在窗边，雨声细小得我可以清楚听到走廊里的脚步声，声音有些杂乱，我猜测这脚步声应该是三个人，其中一种脚步声稳健且干脆，我猜孩子的爸爸也一起来了。

当我正转头准备向外走去的时候，听到了敲门声，果然一家三口整齐地出现在我的门前。父亲个子不高，中等胖瘦，穿着整洁，始终紧皱眉头一脸严肃。孩子的母亲身材偏瘦，眉眼间充满对孩子的紧张和担忧，尽管如此，仍然能从言谈举止中感受到她温柔且开朗的性格。

三人进入咨询室，简单沟通之后，我请父母到外面等候，母亲犹豫着起身，眼神却始终没有离开小A，直到父亲拥着她的肩膀示意她按照我的要求离开房间，她才不得不把小A单独交给我。

杯中的茶水仍然热气腾腾，热气向上飘散，杯中的小朵菊花悬在水中，每一片细长的花瓣都在尽力伸展，仿佛在向自由挥手。小A小心地拿起玻璃杯，轻轻吹气，菊花左右摇晃了几下，再次找到适合的位置。小A看了看我，放下了手中的杯子，我向她笑了笑，她也嘴角上扬对我微笑。

小A的父亲毕业于国内一所985高校，读书时代的他成绩始终遥遥领先，毕业时却偏偏没能分到好单位，很多没有他学习好的人都纷纷事业有成，他却迟迟没能遇到伯乐。大概是一直觉得自己怀才不遇，于是把希望寄托在小A的身上，小A觉得父亲对自己的期望很多都是"正常人难以理喻"的。

我以为她会向我叙述父亲对她的严厉管教，但她的讲述过程中，却始终用轻松幽默的语言陈述事实，她觉得父亲的管教不能简单用严厉来形容，而是一种控制，一种找不到方向且失去自我的极端控制。

曾经有一道数学题就让小小的她记忆犹新，直到今天，她依然能准确地记得幼儿园期间爸爸曾问过的"奇葩问题"：一个笔筒里有四支钢笔和三支铅笔，你至少要取出几支笔才能确保拿到钢笔？幼儿园年纪的她完全不明白为什么会有人问这样的问题，钢笔和铅笔放在一个笔筒里，还要闭着眼睛抽出钢笔来，"这种问题简直让我崩溃"。

可这样的问题在她成长的过程中接踵而至，绝不仅仅停留在钢笔和铅笔。小学的时候，小A因为听不懂老师讲的鸡兔同笼问题，回家后爸爸帮助补习，听不懂就再讲，还听不懂，还讲，最终爸爸给小A讲鸡兔同笼讲了足足三个多小时，直到过了凌晨，妈妈实在看不下去前来制止，爸爸牙齿咬得"咯咯"作响，眼睛里似乎满是无法遏制的气愤与失望。小A说自己至今仍不明白爸爸当时为什么会这样。而这样的经历却让小A直到现在听到和"数学"有关的信息就会出现头痛的生理反应。

我们的大脑会被训练出一套自动的神经回路。打个比方，就像我们成年人，上班总是习惯走一条路，以后在不假思索的情况下你也会下意识地走这条路；学会开车以后，你不需要经过思考就能操作复杂的操控系统，这就是我们的大脑在多次锻炼后形成的自动化脑回路；你的孩子在家只要没有学习你就焦虑、想发飙，这也是一种脑回路。

正是基于大脑的可塑性，不管躯体治疗还是心理治疗，都能作用于大脑并使之改变，这也是心理治疗产生作用的原因。

如果外界的刺激合适，有足够的强度，大脑还会产生新的突触联系，但是如果外界的刺激过于强烈或者产生疾病，就有可能导致神经元死亡。比如每天喋喋不休强调数学的父母，不断给孩子拔高数学难度，就有可能导致孩子在大脑中把"数学"和"痛苦"联系在一起，久而久之孩子甚至会把"学习"和"痛苦"联系在一起。建立起了这样神经连接的孩子，到了初中就有可能出现厌学情绪。

刚听到小A的讲述时，我只听到了父亲对她学习上的严厉，而这种严厉在当今的家庭教育中较为普遍，望子成龙望女成凤的心态是每个家长都有的，希望孩子能超过自己或者完成自己未能达到的目标，这也并不陌生。很多家长都会让孩子进行超前学习，目的就是希望让孩子不要输在起跑线上，比别人早起步一点，会的可能更多，成绩可能更好，这是每个家长认为的，他们可能还会在心里默默地说"笨鸟先飞"，努力早一点，就不担心落下了。可以说，这是一种普遍的社会现象。

然而，小A觉得爸爸给予她的不是严厉，而是一种控制，我觉得眼前这孩子还没有讲到重点。

我始终看着小A，仔细听，也仔细观察，她的眉眼间流露出的困惑对她而言根本是无解的，在很多人已经不记得自己年幼的经历时，她却能说出种种细节来，可见这些细节在她脑海中扎根已久，这些埋藏在她心底的记忆，对她影响至今。

"小时候的很多事我都记得特别清楚，刚上幼儿园的时候，爸爸就经常给我讲各种道理，但很多道理却让我觉得莫名其妙，完全摸不着头脑，我记得有一天爸爸告诉我说，助人为乐是一种美德，要学着多帮助别人，比如路边有人摔倒了，要去扶起来，我赶紧记住爸爸的话。第二天他问我，如果有一个大人摔倒了，你该把他扶起来吗？我立刻点头，可是爸爸却批评我，反问我万一这个人是坏人怎么办，当时的我完全蒙了：不是你昨天才告诉我要助人为乐的吗，怎么这会儿就错了？我完全不知道到底该扶还是不该扶。"她露出一脸无奈的表情，继续说道，"从上幼儿园开始，爸爸就非常严苛地训练我学习，比如教我认完字，立刻用手把字盖住，要求我自己写出来，可是认字对那时的我来说已经不容易，写字就更是不可能。爸爸还要求背唐诗宋词和朱自清的散文，我看不懂也听不懂，只能死记硬背，可爸爸还让我说出散文的修辞手法，我那时还根本不懂什么是修辞手法。

"还有上小学的时候，有一次爸爸辅导我数学，我做完数学题，爸爸问我做完没有，我说做完了，他就会立刻反驳我说：你不应该这么回答，你应该说'还有另外的解法'，搞得我不知所措。

"小时候，爸爸对我的教育让我觉得就是在思想上精神上对我的控制，凡事都要按照他的要求来，我觉得他是在对我进行训练，有时还会故意设局来欺骗我，我顺着他说之后，他又会批评我。后来，他每次向我提出问题，我都要思考很久，甚至我有时根本听不懂他的问题，我在心里努力思考的只是爸爸想让我给出什么样的答案。"

听到这里我开始有些理解小A所说的"控制"了，因为在她心里，爸爸对她的提问根本没有正确答案，不过是"所谓的"正确答案而已，她去思考的也不是问题本身，而是爸爸想要什么。

"爸爸曾经告诉我不要相信大人说的话，包括父母在内，让我的内心更加冲突，我甚至不知道该相信什么，如果连自己的父母都不能相信，这个世界上还有什么可以相信的呢？后来我开始逐步适应爸爸这样的教育方式，我渐渐能猜到爸爸想要的答案，只要爸爸问我问题我全部都反着说，来迎合爸爸期待的答案，这样就可以过关了。"

我想起心理学著名的实验"桑代克的猫"，多次的教育和提问，多次错误答案的批评，这孩子的内心可能已经无数次地抓狂，对与错，曲与直，对她来说，已经没有什么意义，最终，孩子在那个年龄没有学懂知识和道理，却学懂了该如何与爸爸的问题较量，本来最应该相信父母的年纪，她却完全搞不清楚究竟该相信谁。

"物有本末，事有始终"，孩子的成长与发展，也具有阶段性的特征，需要遵循其内在成长规律。父母的这种教育方式，违背了孩子的成长规律，从而导致小A内心的矛盾与冲突，为未来的心理疾病带来隐患，甚至造成孩子的分裂。

二

小A的第一次来访，不仅跟我聊了父母对她的"奇葩"教育经历，当她慢慢进入状态，开始尝试着接受我的时候，她继续讲着她小时候的其他经历，家庭教育已经给这孩子带来了很多苦恼，没想到，学校也给她带来了极大的痛苦。

她轻轻拿起杯子喝了口水，眼角低垂，神色黯然，从她的举止判断，学校的经历让她更加难以启齿。

我耐心等待她做好思想准备。

她放下杯子，身体向沙发前方挪动，找到了较为舒服的姿势，才慢慢开口给我讲述她在学校的经历。

小学三年级，她遭受了校园暴力。当时学校里有一群高年级男生总喜欢欺负女生，在走廊里或者操场上，吹口哨，扯辫子，扔石子，女生远远看到他们都要绕道走。大多数情况都是在老师看不到的时候，尽管老师看到了会训斥惩罚他们，但是没有用，他们敷衍地承认错误，下次依然还会这样对待女生。特别是小A这种低年级瘦瘦小小的女生。

一次大课间，小A下课去厕所，但女厕所人很多，她在外面等待，刚巧那群男生路过，硬是推推搡搡让她进男厕所如厕，小A害怕极了，却也没办法，硬着头皮听他们的话去了男厕。她害怕得不敢出来，等到上课铃响了才从男厕所探出头来，可是万万没想到，那群坏小子根本没走，还把小A拉住推倒骑在胯下，用手抽打小A臀部模仿骑马。直到那群男孩散去，小A才擦干眼泪回了教室，当时的她受到了精神和躯体的双重伤害。回家的时候因身体的疼痛，只能单肩背着书包，晚上回家也没有勇气跟父母提及此事，事情发生很久之后，晚上还常常会做噩梦，偷偷流泪。而这件事，她是在好几年之后才有勇气告诉妈妈。

小A双手紧握，再次将身体缩回沙发里，我的目光一直跟随着她，她终于抬起头来看我。

我向她点点头，她勉强挤出了一个微笑给我。

"什么时候觉得自己状态不太好的？有去过医院检查吗？"

"高一下学期吧。高一下学期，我觉得自己每天都很焦虑，晚上翻来覆去睡不着，妈妈带我去了一家三甲医院就医，医生的结论是我当时并未达到焦虑的程度，只是让我回去继续观察。我的问题完全没有得到解决，后来还陆续出现各种奇奇怪怪的症状，有时正在上课突然就会全身发抖，完全控制不住地发抖，似乎一定要把身上的力量全部用完才能停下来。每当这个时候我就会躲到卫生间的角落里，用力蜷缩着身体，让全身释放力量。每次我都在心里默默念着，希望能快点结束，我甚至不知道会不会哪次就真的熬不住了。

"无奈之下，我和妈妈再次前往医院，医生开了些抗焦虑药物，但我实在无法忍受药物的副作用，吃了不长时间，只好停药。

"病情不断反复，我只好又去了几次医院，难受得挺不住就吃几天药，副作用熬不住就又停药，就这样断断续续地治疗了一段时间，高一和高二几乎一直处于这种状态。

"到了高二下学期，我的状态越来越糟，似乎身体里总有一种说不出来的劲儿，手里只要拿着东西就想使劲，好像想把所有的力气都用手发泄出来，有一次上课我竟然用一只手掰断了一支钢笔。有时还想用手里的东西向下扎，内心希望手里拿的是一把刀，很想把刀插入动物或人的皮肤里。我知道是自己出心理问题了，不断压抑自己不要付诸行动，这也是我为什么想来找你的原因，我知道是我有问题，我希望解决这个问题。"

"真的有伤害过动物吗？还是有这种想法？"

"这种想法很小的时候曾经有过。"

她低头看向自己的手，双手微微颤抖："最开始有伤害小动物的想法，应该是幼儿园的最后一年，那时我偶尔会有弄死小动物的想法，我自己也很害怕这种想法。上小学后，家里养了三只猫，我心情很糟的时候就会时不时虐待它们，比如把它们抓来藏到橱柜下面，控制它们。到了高中，我担心自己会继续虐待小猫，就刻意和猫保持距离，刻意不去亲近。"

"克制自己不去伤害动物，说明你已经在努力了。还有哪些事情能给我说说，我想听你更多的故事。"

我知道这孩子还没说到重点，她的问题正在一步一步浮出水面。就像剥洋葱一样，一层一层，每一层都很辛辣，会难过会刺痛，当她勇敢地把问题暴露出来的时候，才能看到问题的本质，她的问题才真的能得到缓解。

"小学的时候，我爸妈在家中装了监控，我总感觉自己背后随时有一双眼睛，随时在被监视着，做什么都很紧张。初中做作业，在解题的时候经常被爸爸打断，但是爸爸却经常要求我要尊重别人，不能打断别人。初一有一次实在受不了爸爸，又不敢对爸爸发作，直接把家里的猫带出去放在楼梯口虐待，然后自己一个人大哭，我当时就特别想捅死他。"

我追问道："他是谁？是小猫吗？"

小A双手捂住脸，小声说："我爸爸。"

我听到这三个字从指缝间挤出来，声音小得仿佛窗外的绵绵细雨，但我却听到了她内心的挣扎。我没有出声，耐心等着她的叙述。

"我从小就很害怕爸爸，每次面对爸爸都需要努力忍耐，在初中二年级之前我甚至不敢和他说话，感觉非常压抑，初二的时候爸爸很'唐僧'，每天絮絮叨叨让人抓狂。"

▼ 佳雯解析：

一个有攻击（施虐）行为的孩子，早年多半曾被攻击（施虐）。小A的爸爸虽然没有肢体攻击，但精神层面的施虐同样是攻击。受到精神虐待、体能又很有限的孩子，情绪无处释放，必然将自己的攻击转向更加弱小的客体，比如动物。

"初中开始，第一次有了自杀的念头。后来，这种想法越来越强烈，无数次想要结束自己的生命，但又怕痛，各种死的方式都想过。不知道为什么，我总感觉自己有很多压力，也不仅仅是爸爸，还很讨厌人际关系。"

"你怎么看待自己的性格？"我问道。

"我觉得自己性格有点极端吧，可能是来源于父母极端的教育方式。"

"妈妈呢？"我继续问，"你一直在谈爸爸对你的管教很苛刻，妈妈怎么样呢？"

"我妈对我很好，甚至可以说是溺爱吧，我提出来的任何要求，她几乎都会努力满足。比如吃饭，她不仅帮我盛好饭，还会帮我倒一杯温水，放一张纸巾，我上桌她还会提醒我饭有些热。吃水果也是，她会把葡萄洗净去皮，切开去掉葡萄籽，放在小碟里摆好叉子。比如我牙疼，可是我想吃奶油蛋糕，爸爸会极力阻止不准我吃，妈妈会偷偷给我吃两口，然后又到厕所偷偷帮我刷牙，用牙线帮我抠龋齿。有时候作业写得太晚，我太困不想刷牙，爸爸就会很严肃地喊我刷牙，我妈会让我躺在床上，端来一个盆放在地上，帮我刷牙，让我把漱口水吐在盆里。她是小学语文老师，特别温柔，而且性格活泼、感性。"

"爸爸和妈妈的关系怎么样啊？"

"他俩特别好，尤其是我爸对我妈特别好，我很羡慕他们的婚姻。"

听到孩子说父母婚姻不错，且很支持她接受咨询，我对孩子的恢复很有信心。

"听说，你是主动要求来咨询的，能跟我说说原因吗？"

"因为学校的跳楼事件我感到很恐惧，经常听新闻里说起学生自杀，但是这次离我这么近，这种想一跃而下解决所有困扰的感觉我也觉得离我很近，我很害怕自己哪天就控制不了了。最近我突然特别想打人，很担心自己哪天克制不住就动手了。看到暴力的画面就会很兴奋，有发泄的快感，所以意识到我的心理问题正在加重，希望有专业的人能帮助我。"

我很清楚地知道，小A目前的这个情况正处于**创伤后应激障碍**中，如果没有得到及时的心理干预，她会滑向更深的抑郁。

〈心理术语〉：**创伤后应激障碍（PTSD）**

创伤后应激障碍（PTSD）是一种由非同寻常的威胁或灾难性事件所引发的强烈的恐惧感、无助或厌恶等严重的心理反应。它不仅指心理方面的应激，还包括躯体的和社会的应激，比如目睹自杀、地震、空难、亲人突然离世等，都容易引发此类心理疾病。

小A断断续续讲述着她的童年经历，时而谈起幼儿园，时而聊到小学，有时又说到初中高中，尽管并没有什么逻辑顺序，但所有的这些都围绕着她内心的压抑，围绕着父亲的教育给她带来的负面影响。我相信，这绝不是父母想带给孩子的感受，他们不会想到自己的管教会让孩子如此痛苦，任何一个父母，如果了解孩子的心理感受，了解孩子的成长规律，他们绝不会让过去的经历重演。

幸好，小A的父母意识到了，这些经历对她的成长而言确属不幸，但她又是幸运的，她的父母也在努力做出改变。

第一次咨询时，妈妈很感性，一直陈述着她对孩子的担心，把她能想到的孩子的日常行为细节都告诉了我，把一切希望都寄托在我身上。爸爸非常理性，语量极少，咨询的过程中我能感觉到他不断审视着我是否专业，直到50分钟咨询即将结束，他才非常简要地说了几句。爸爸说他从2016年开始逐步学习教育和心理学课程，直到孩子初二才发现自己确实在拔苗助长，最后叹了一口气："我终于把女儿培养进了咨询室。"

妈妈非常善解人意地拉住爸爸的手安慰爸爸，我看得出这位父亲心中满是对孩子的愧疚，妈妈对爸爸也毫无指责，只是用肢体语言宽慰着她生命中重要的人。

虽然咨询时间快结束了，但我除了关注小A，也得安抚好小A父母的情绪。

"每一位父母都会用自己认为最好的方式教育孩子，我们这一代的父母也受时代和自己知识的局限，好在每一个孩子都有自我成长的动力，今天社会的多元和包容也给孩子提供了个性发展的空间，让我多了解一下孩子，来思考一条最利于孩子未来发展的道路。"

因为孩子处于应激状态，临出门前，我叮嘱父母注意孩子的人身安全，并监督孩子坚持服药，定期到医院复查。同时，我建议在孩子可以做到的情况下，每天坚持运动，可以让孩子自己选择一项运动。后来妈妈打电话来说，孩子选择了学习拳击，问我的意见，我觉得这项运动对她来说很适合，因为攻击性的运动有利于帮助孩子内在攻击性向外释放，从而缓解不良情绪。

▼ 佳雯解析：

家庭教育中，夫妻对孩子的教育理念最好统一，教育理念不一致会导致孩子要么学会钻空子，要么处于冲突分裂状态。孩子在两种方式下，不能辨别是非对错，这种冲突会让孩子无所适从；同时，夫妻教育方式差异过大，就会导致教养方式更加背道而驰。比如父亲过于严苛，母亲就会更溺爱，而母亲一旦溺爱又会加重父亲的严苛，这是在家庭教育中很有意思的一个现象，但是如果两个人能都往中间靠一靠，比如爸爸不再那么严苛，妈妈也就不会那么溺爱。

三

第二次咨询，小A对我的态度已经变得很亲近，对她而言，我的倾听和关注可能会让她放下精神上的包袱。本以为小A的创伤仅来源于原生家庭和校园暴力，她本身的坦诚和父母的配合都非常有利于我对她的帮助，我以为她的问题应该不难解决，我以为我们这次的沟通会更为轻松顺畅。

没想到基于孩子对我的信任，第二次的咨询她把自己遗留下来的问题和盘托出。这一次，却不禁让我为她担心起来。

"郑老师，你知道'海后'吗？"

我这里成天都是青少年，网络流行语我当然不陌生，只是没想到小A会向我提起，我犹豫了一下，没有正面回答，反问了一句："这个词是什么意思？"

她笑了笑："我们形容海里撒网捕鱼的男生叫海王，我是女生，喜欢在海里撒网捕鱼的女生就是海后，就是那种中央空调你懂吧。我怕吓你一跳，我曾经和50多名男性网恋，能保持多人的暧昧关系。"

她接着又说："说得好听点是海后，说得不好听，其实我觉得自己就是个女渣。"

"你用这个词来形容自己？"

"我知道这听起来有点怪，网恋本身就有点让人不能理解，尤其是和多人同时网恋，其实我自己也说不清楚。我只是喜欢跟他们说话，或者说，我喜欢在精神上主导对方，觉得这样很刺激。但是，如果对方上钩了，开始主动向我表白，我又会因为各种事情不断责骂对方，说各种难听的话伤害对方，直到一拍两散，把对方拉黑。"

我突然就明白了，她所谓的"海后"，所谓的多人暧昧关系，是在与异性网上交往过程中感受语言带来的精神刺激。这是一种对他人和自己的精神虐待，通过"勾引"对方来达成一种和异性的亲密交往，而这一切，却是为之后攻击对方做好准备。先试探性地用语言吸引异性，控制对方，再用恶劣的语言伤害对方，过程中几乎没有情感的投入，只是想在虚拟的世界里由自己做主，享受精神上的刺激，在我看来，这根本不是"网恋"。

当然，我不能很粗暴地说这和她父亲对她的教养模式有关，但是或多或少，这种对于异性的攻击，一方面是在重复父亲对待自己的模式——即亲密又攻击；另一方面，她无异于在补偿自己内心积压已久的情绪。我始终认为，我们对一个来访者强调原生家庭是不合时宜的，重温父亲对她的伤害，只会让眼前这个孩子加重自怜，而对心理健康的恢复毫无益处。

"除了网恋，现实生活中，你有和异性交往吗？"

"嗯，在网恋的同时，还跟一个高三的学长有暧昧关系，每天晚上都会和这个学长在QQ上聊天到凌晨一两点。其实我知道这样不行，我自己内心也很愧疚，因为学长马上要高考了，我很担心这样跟他聊天会影响他的学习。我知道自己不应该打扰别人，但是又忍不住，因为和学长的暧昧关系确实会让我的情绪有所好转。"

青春期萌动的情感是极为普遍的，随着孩子青春期的到来，他们的心理和身体发生巨大的变化，体内荷尔蒙分泌的上升，他们开始对异性感兴趣，关注异性，渴望接触异性，了解异性，甚至可能对异性产生好感或爱慕之情。他们渴望得到异性的友谊，也开始憧憬爱情，而恋情和爱情都可以安抚孤独、脆弱的心灵，让处于抑郁状态的孩子尽快恢复到正常状态。

但我猜想，小A并不完全确定自己对学长的情感，可能这种暧昧的语言和相互吸引的方式让她很放松，而且相比虚拟的网络，和身边的人聊天更真实，更有安全感。

在聊天过程中，小A还讲述了她在学校跟朋友相处时的一些细节，她会经常和同学开无底线的玩笑，不论这个同学的性别是男还是女，而这种外在无所顾忌的玩笑，以及这个孩子在第二次见我就把别人可能要很多次咨询后才会向咨询师吐露的隐私和盘托出，让我不禁担心这个孩子模糊的边界和不加防御的隐私会给她带来危险。

四

几次见面之后，我已感觉到她情绪上的放松，她自己也感觉逐渐有所缓解。

之后的几次咨询，我们更加深入地讨论她和异性的关系。

她不仅谈到了和高三学长持续的暧昧关系，而且又提到刚刚开始和同年级另一个男生的新发展，她说自己纠缠在两个男生之间，纠结于自己内心的"不应该"，但又无法克制。

她觉得比较Man的男性很有吸引力，她常笑称自己喜欢的是"狼狗"，但是招来的全部都是"小奶狗"，我也会和她讨论这种很有意思的模式："小奶狗"好控制。

我们讨论情感态度和恋爱模式，她与男性相处的三部曲：勾引、虐待、分手，然后又开始后悔，这种一旦喜欢就立刻远离的模式，无论是对人，还是对猫，都表现得非常明显。

这让小A联想起小时候父亲总是说反话，不断改变她判断问题的标准，导致她的内心非常冲突，她说自己"很长时间不相信任何人"。

她向我讲述了一个和男闺密相处时的细节。她的生日被男闺密遗忘，当天男闺密想起的时候已经来不及准备礼物，他把自己已经用旧的英雄钢笔送给了她。小A想起自己每一次为朋友精心准备礼物，而自己却被随意对待，所以"对人一次比一次失望"。

在情感方面，她内心其实特别渴望有一段真正的亲密关系，但又不相信男生，不相信有真正的爱。电视剧《都挺好》的女主角苏明玉，始终害怕走入亲密关系，原生家庭中母亲重男轻女，爸爸各种不靠谱，弟弟的误解，"成为家人"对苏明玉而言就意味着伤害，当有人靠近她，她会不自觉地退缩，把别人推开。小A也是如此，当出现亲密关系的时候，她在潜意识中把它破坏掉，以避免自己受到伤害。无论是年幼时对动物的虐待，还是后来在精神上对网友的折磨和抛弃，她一方面在破坏关系，一方面在变相自虐。

尽管小A曾用"海后"来称呼自己，还说自己能与多人保持暧昧关系，另一方面她又觉得"很恶心"，这些来自和校园暴力相关的经历，会让这个女孩在成年后进入亲密关系困难重重。

访谈过程中，我不断澄清并引导她深入思考，从不同角度看待同一件事，逐步小A能意识到曾经的经历给自己带来的负面影响，并在负面事件中寻找到积极因子。

我们讨论父母的优点，找到家族优质品质的传承，从而降低她对父母的责备，更能释怀曾经的伤害。非常难能可贵的是，小A的父亲虽然给她带来了伤害，但在咨询中小A从来只调侃父亲而没有指责过自己的父亲。我想起一句话：父母爱孩子，而孩子，远比我们想象中更爱父母。

她说妈妈就像家里的猫，很阳光，有健康的生活方式，她说妈妈的生活就是自己理想的状态。其实，更让我惊喜的是她对爸爸的评价，她不仅能发现爸爸的变化，还能发现爸爸身上的优点。她说爸爸现在喜欢卖萌，很喜欢小朋友，随和，爱学习，上进，勤于思考，有生活品质却从不虚荣。

10次咨询后，我们做了一个阶段性评估，小A的情绪有明显好转，内心开始觉得有希望，还告诉我自己开始"浪子回头，金盆洗手"，要"洁身自好"，我听到这一连串的成语没忍住笑了出来。她说感觉自己从女渣变成了渣女，也觉得自己过去游戏网友的感觉并不是那么美好。临走前她很认真地问我如果考大学时报考心理学专业应该学文科还是理科。

这一切都让我无比欣喜。

小A的情绪在不断好转，加之高中学业紧张，我们的咨询频次从每周一次变成了两周一次，中间间隔了一个暑假，当我再次见到她的时候已经隔了大约两个月。

然而，在这两个月里，却发生了难以想象的事。

五

我还没结束暑期夏令营，便收到了小A妈妈的微信，说孩子遇到了紧急情况，需要立刻咨询。尽管她没有详细说明，但我知道一定发生了意想不到的负面事件。于是在我结束工作返回成都后，第一时间联系了她们。

当这孩子再一次坐在我面前的时候，我几乎惊呆了，之前那种满心欢喜准备报考心理学专业的激情和喜悦完全不见了，取而代之的是麻木的表情和低落的情绪。

她平静地向我叙述当天发生的事情：表哥对她实施了性骚扰。叙述的过程非常平静，可是讲到最后，小A双手捂住脸，声音哽咽，不断地说："他可是我的哥哥呀！"

这个经历对小A来说，无异于雪上加霜，当她从阴影中逐渐走向阳光下的时候，这样的事件却发生了，而且发生在她觉得完全不可能的人身上。

▼ 佳雯解析：

性骚扰更容易发生在熟人之间，比如亲戚、邻居、老师等。

无独有偶，负面事件接踵而至。

小A和一个平时关系要好的异性小学同学看电影，两人的父母也是好朋友，平时两人像哥们儿一样相处，说笑打闹，完全没有性别之分，学习看书运动玩耍，彼此做个伴，两人互称为闺密。在小A心中，两人对彼此都没有超出友情外的情感，这样的相处很舒服，很放松。

而那天，在两人相互打闹过程中，好友却开玩笑般地强吻了小A，小A的一声尖叫，好友立刻停止了冒犯行为，并向小A道歉，解释说只是跟她开玩笑。然而这一行为仍然让小A非常不舒服。

两件事情的接连发生，两个创伤性的事件，对她而言是旧伤未愈再添新伤。早年的校园暴力事件和这两件与性相关的事件会强化她对异性的不信任，容易对异性的整个群体造成认知偏差。对性的观念是"恐怖"和"恶心"，成年后就无法体验性的美好，这会使她在成年后与异性进入亲密稳定的关系遇到阻碍。

待小A的情绪稍显平静后，我和她讨论了关于性保护的相关话题。比如性骚扰容易发生在熟人身上，如何识别危险信号，性骚扰发生的时候我们该怎么做，如果性侵无可避免我们应该如何应对。

同时，我更希望告诉她的是，性骚扰的实施者只是极少数人，我们不应该用既定的眼光看待所有的异性，绝大部分异性还是尊重女性的，但是男性青春期性荷尔蒙分泌迅猛，有时候确实难以把持，好友的立刻停止，说明他能遵守道德底线。

虽然我不知道这些话对小A究竟能起到多少作用，但是真的不希望小A将来一直带着对异性戒备的心进入亲密关系，我希望她能理解和体会到真正的爱情，懂得用真心去爱和接纳，感受爱的真正含义。

性教育的滞后是中国大多数学校和家庭面临的共同问题，青春期性教育的任务，除了促进青少年性健康和身心健康发展，更重要的是建立健康的性行为道德准则。我们需要帮助孩子正确理解"性"，使他们懂得符合自己性别角色的举止、言谈和健康美，同时也允许孩子去探索自己与性的关系，从而迈好青春的第一步。

我们在对女孩子进行性保护教育的同时，更应该对暴力行为的实施者（大多数时候是男性）进行法制教育：不做性侵犯的实施者。有针对性地对男孩们进行青春期教育和指导，使他们正确认识自己、把握自己，促进身心健康发展。

心理咨询的结果受咨询师、来访者和外在环境的变化三方因素的影响，在小A不断趋好的过程中，外在环境的变化又导致了她情绪的恶化，我不得不把她的咨询再次调整为一周一次。

也许人生就是这样，兜兜转转，起起伏伏，很多事件的发生都不是人为能控制的，但在事件发生之后，我们要深入推敲事件背后的原因，引导青少年思考如何做才能把对自己的伤害降到最低。

世界没有那么好，但也绝没有那么坏，从阴影中走出来，是我们共同的努力方向。

道歉的"末班车"

作为心理咨询师，我非常清楚，当一个孩子向父母主动提出想接受心理咨询的时候，说明这个孩子其实已经被心理问题折磨很久了。

15岁的亚男第一次向母亲提出这个请求的时候，母亲惊愕不已，在母亲的心里，儿子除了学习成绩差一点，生活懒散一点，完全看不出任何心理疾病的端倪，她完全不理解孩子提出请求的缘由，当天便给远在外地的孩子父亲打了电话，父亲在电话里只说了一句"等周末老子回去收拾他"，就挂断了电话。

父亲是某地一家企业的负责人，平日工作很忙，每周周末回家一次。周末父亲回家并没有像电话里说的那样"收拾"亚男，只是跟孩子妈妈说"这臭小子肯定是故意找病，好用正当的理由不学习"。

父母对孩子的提议并没有放在心上，也完全没有为他联系心理咨询的打算，只是觉得孩子处于青春期，叛逆和"作"都算正常。

然而事情的转折，发生在第二周的周末，亚男和父亲发生了激烈的冲突，亚男第一次向父亲动了手。

—

一天清晨，我在抖音私信中收到留言，这是被连续复制了三遍的留言："郑老师，您是在成都吗？紧急求助，请速回复。"让我瞬间感受到留言者需要帮助的迫切心情，我猜测这定是一位母亲。

就在我收到私信留言的次日，她走进了我的咨询室。

亚男的母亲，是学校的一名普通财务人员，她惊艳地出现在我的咨询室。孔雀蓝的真丝衬衫和白色坠地高腰裤，和衬衫同色高跟鞋，搭配一个淡蓝色的真皮包，包上还系着爱马仕风格的丝巾，头发一看就是经过设计师精心设计和挑染，这个精致的女人完全颠覆了我对财务人员严肃且刻板的印象。

妈妈一坐下来就开口："郑老师，我今天只有一个目的，我的儿子说他有抑郁症，我就想从你这里得到一个确认，我的孩子是不是抑郁症？"

我见过很多父母，我清楚地知道每一个父母都不愿意承认自己的孩子有心理疾病，尽管近些年来人们的心理健康知识逐渐普及，但我们的社会对心理疾病仍然存在一定程度的偏见，这也是亚男妈妈没有向自己学校心理老师寻求帮助的原因。

"您别着急，跟我详细说说孩子的情况。"

亚男妈妈跟我讲了孩子主动要求进行心理咨询的过程，并叙述了前一晚孩子和父亲发生了有史以来最大的冲突，孩子长这么大第一次跟爸爸动手了，爸爸在单位是一把手，在家里也是绝对的权威，跟爸爸动手这件事是一件非常严重的家庭事件。

妈妈边叙述边着急地说："孩子应该是青春期的问题吧？他在六年级时就曾说过想接受心理咨询，我们都觉得不至于，怕他给自己贴标签，他爸爸说是棍子挨得太少了。"妈妈的眼睛目不转睛地看着我，迫切地希望我能给出她想要的答案，"我的儿子不可能有心理疾病啊，他只是性格内向了点，学习成绩差了点而已。他很正常啊，他不可能有什么抑郁症！"

我并没有直接回复她。

大量事实证明，父母第一次来访时提供的信息偏差度较大，真实的情况都会比父母说的情况更糟。出于基本的心理防御，父母提供的问题描述，尤其是第一次见面的描述，我们一般都只选择倾听。任何一个父母都不愿意承认自己的孩子有心理问题，父母面对不了这个基本的事实，从潜意识的层面来说父母是不愿意面对自己教育的失败。

"孩子昨晚为什么会和爸爸发生这么大的冲突呢？"我的提问从这里开始。

"我家娃儿写作业本来就爱磨蹭，每天都要写到半夜12点，还拿着我的手机，说是要查资料，他爸爸就很看不惯。昨天爸爸催促他早点睡觉，结果爸爸说一句他顶一句，爸爸最后也是忍无可忍才爆发了很大的冲突。"

"能说得再详细一点吗？触发点是什么？谁先动的手？"

"明年就要中考了，考不上高中就只有去上职高，你也晓得，成都中考只有不到50%的录取率，如果没考上，以后职高出来能干啥嘛，他爸爸又是个领导，娃儿考得不好他面子上也挂不住。爸爸看着娃儿的成绩有点急，越说越生气，后来就开始翻旧账，差点打了孩子一巴掌，被娃儿用手挡了回去，爸爸认为娃儿跟他动手，火气更大，两个人都没忍住，把他爸爸推倒在沙发上，爸爸被彻底激怒，走到厨房操扫帚，我赶紧拦下，今天我才发现我的手腕有点淤青，估计是昨晚拉爸爸误伤的。这娃儿也不收口，跟他爸爸说打死他算了，爸爸真的又要打他，我赶紧把娃儿关到了自己的房间，又担心房间窗户没有防盗窗，我之前看您抖音的视频说青春期的娃娃容易冲动，很担心他跳下去，把爸爸按到沙发上，又赶紧跑进儿子房间，他已经把房间里能砸的东西都砸了。"妈妈用四川话一口气把经过说得清清楚楚。

我在心里暗自想，这孩子能跟爸爸动手，能砸东西，说明这个孩子不是重度抑郁，这不是坏事。

▼ 佳雯解析：

抑郁的成因涉及遗传、环境、创伤事件的刺激，不是多因一果的综合，它和一个人的人格模式、人际关系、情绪反应模式以及身体健康程度都有关系。从生理的角度看是大脑代谢的失常，从心理学的角度看，是一个人把本该向外的愤怒转向了自己。

青春期的孩子要解决很多内在和外在的冲突，其中也体现在与成年人即和权威的关系中，权威一般是父母或老师，和权威的关系常常与抑郁症状有所关联。

青春期的孩子很想打败自己的父亲，但是对打败或者攻击父亲的后果感到恐惧，还对"尊老爱幼"的价值观有道德内疚。当不能战胜权威的恼怒和道德内疚交织在一起，青少年又无法处理的时候，就有可能导致内疚、无望和绝望感，无法获得令自己满意的身份认同。所以抑郁中有这样的一种常见情形——将攻击转向自身。这个案例中的孩子在此之前无法把攻击朝向父亲，当他在杏仁核的劫持下终于鼓起勇气把攻击指向父亲的时候，对一个青春期的孩子来说反而不一定是坏事。

"现在家里只剩下我一个正常人了，我快被他们逼疯了。"妈妈抽了张纸巾，擦去眼泪，口音瞬间变成了普通话，继续对我说，"郑老师，其实周一我的工作特别忙，但我知道孩子的心理健康更重要，所以今天我特意请了两个小时的假来您这儿。"她迫不及待地想确认孩子不是抑郁症，继续婉转地追问我："我觉得孩子只是青春期的问题，行为冲动也在所难免，因为爸爸还在用之前的方式对待孩子，我还是觉得孩子应该是情绪问题而不是心理问题啊，您说呢？"

我并没有直接回答，继续询问："孩子第一次提出想接受心理帮助是什么时候？"

"大概小学五六年级吧，我们当时完全没有这方面的知识，没当成一回事，总觉得现在的小孩子矫情、脆弱，爸爸觉得心理问题被媒体普遍放大，给孩子造成了强烈的负面暗示，所以我们选择了忽略。"

"能跟我讲讲孩子从小到大的经历吗？"

母亲叹了一口气："哎，虽然在城市，我家孩子其实也算留守儿童，这可能也是造成孩子和爸爸不亲、学习习惯不好的原因。

"我和他爸爸算是一见钟情，认识三个月就闪婚，他在外地工作，结婚后我便跟随他去了外地，生孩子之前我回来待产，两地分居了一段时间。现在已经结婚14年了，我对自己的婚姻还是感到满意的，虽然我老公比较强势，但是对家庭很有责任心，他所有的收入都会交给我。"

"你怀孕的时候情绪怎么样啊？"

不管是儿童、青少年还是成年人的咨询，我们都需要搜集早年的资料。

"挺好的呀，只是想着生完孩子后分居两地有点焦虑。"

"孩子是顺产还是剖宫产呢？生产的时候顺利吗？"

"因为医生说胎位不正，所以是剖宫产，只用了2个小时就顺利出生了。"

"孩子是母乳喂养还是奶粉喂养？什么时候断奶？断奶容易吗？孩子在婴儿期的时候好带吗？比如喜欢哭闹还是很安静？"我抛出了一连串的问题，她对我问题的针对性有些好奇，但依然给了我答案。

"我奶水很好。"

"那孩子在6岁以前是谁在带呢？你刚才说孩子算留守儿童是什么意思？"

"因为大家都说两地分居婚姻容易出现问题，所以孩子6个月时我就强行断奶，把孩子交给我老家的父母，回到老公身边。那几年，我们也一直想办法把工作调回成都，希望孩子在成都上学。"她又叹了一口气，"我去外地之后经常想孩子，每天都跟我妈通电话，孩子在电话里叫几声我都很舒服，我基本每隔两三个月飞一次，我妈把孩子也带得挺好。孩子8岁的时候，爸爸终于调来了成都，我们把孩子也从老家接来了，一家人终于在一起了。因为我妈带了孩子很多年，我们把孩子接走的时候，我妈和孩子都哭得撕心裂肺，从那之后，直到现在孩子都是我们自己在带。但是我老公事业心很强，又调往外地，大部分时间都是我和孩子在一起，或许是我们过去对待孩子的方式比较粗暴，尤其是爸爸，对孩子可能会有一定的影响。"

"你和老公能粗暴到什么程度？"

"我比较爱唠叨，觉得孩子被我妈宠坏了，有时候就会忍不住数落孩子，现在想想我总是在说孩子的问题而看不到他的优点，我老公脾气很急躁，有时候会打骂孩子。"

孩子是父母和家庭的一面镜子，治疗孩子首先得了解孩子所处的养育环境。8岁以前养育的缺失、父亲粗暴的养育方式，已经为后来孩子进入青春期的心理问题埋下了不小的隐患。

"你们夫妻关系如何呢？"夫妻关系是我们评估家庭环境的一个重要环节。

"老师我们还是说说孩子的问题吧，毕竟今天是来解决孩子的问题。"

妈妈对夫妻关系出现了回避，这是一个怎样的家庭？我非常明确地知道，我应该在这里展开工作，但是有经验的咨询师都知道，不能在咨访关系还没有建立的时候就打破防御，我没有打破砂锅问到底：

"好啊，那你说说看，你认为孩子有什么问题？"

"其实孩子也没啥问题，我就担心和爸爸关系紧张，要不我周末带他来您这儿上次课。"

很多父母带孩子接受心理咨询都会称作"上课"，其实这是对心理咨询的误解。诚然，青春期的孩子的确需要成年人的指导，但我知道，我更需要做的是对父母进行指导，只有父母真正理解了青春期的心理特征，才会心甘情愿地向孩子示弱、挪地儿、让位。

"孩子就只有这个问题吗？还有别的吗？"

"如果学习效率再高点，能当个中等生就更好了。"

这是很多父母的期待，殊不知，解决孩子的学习问题首先解决的应该是孩子的情绪问题。

"您希望通过我们的咨询达成什么目标？"

"我希望孩子能给爸爸道个歉，让爸爸下个台阶。"

我笑着对她说："我和您的想法刚好相反，我希望爸爸能给孩子道个歉，让孩子能下个台阶。"

"爸爸道歉？除非太阳从西边出来！再说爸爸本来也没错，就算是爸爸错了，爸爸也绝不可能向孩子道歉。"

在儿童青少年的咨询中，妈妈的参与度和配合度往往都是很高的，配合度高的爸爸也有，但是很少，因为爸爸就算参与咨询，也往往无法真正放低姿态配合咨询。如果这个父亲还是个领导，要请进咨询室就更是难上加难，甚至有不少妈妈都是瞒着爸爸带孩子来接受治疗。

妈妈显然对我的水平产生了怀疑：我明明是来让你治疗我孩子的，你现在让我治疗丈夫！

"如果就事论事，可能的确是孩子错了，但因孩子处于青春期，所以他错了其实也没错。我不知道我表达的意思您是否能理解？"

妈妈犹豫了许久，开始回答我："您的意思就是说，青春期的孩子都很叛逆，所以我们父母要放低身价，是这个意思吧？但我老公不可能，他绝不会这么做。"

"那好，我们先不说爸爸的问题，现在我们还有10分钟的时间，您还有没有想要补充的内容？"我追问道。

"还有个问题，就是这孩子喜欢三毛、张爱玲，还有一些日本作家，他想看《罗生门》，我不让他看，你知道日本文学大多数都很悲观，不仅如此，他还喜欢听很悲伤的音乐，绘画也喜欢用灰色和黑色，喜欢比较暴力的文字，自己写的文章也很悲观。"

果然，这孩子的问题并不是父母想的那么简单。绘画、听音乐的类型以及文字的表达，都代表着一个人的潜意识。

"他喜欢这些有多久了？"我问道。

"从8岁和我们住到一起，我们就一直发现他这个特点。最近清华大学苏世民学院的一个学生出了一本很正能量的书，我让他看，他盯了一眼说没兴趣，却偏偏喜欢看悲伤的电影，《你好，李焕英》看了两遍，还喜欢《海上钢琴师》《天堂电影院》这样的悲剧电影。我不知道这算不算问题，我希望他能阳光积极一点。"

短暂的停止后，她继续说道："我隐约觉得这孩子三观不正。"

我突然感到在妈妈的描述中，越到后面越深入，听起来孩子的问题越复杂。"前段时间，成都有个学校不是孩子跳楼了吗？我听了你在网上讲的青少年自杀风险防范，我觉得讲得很好，我就希望儿子也听一听，但是他直接拒绝了，他说既然那个孩子觉得很痛苦，那离开这个世界就是他最好的选择，我又生气又担心。"

"我们还剩3分钟，还有要补充的吗？"我不断地暗示妈妈，尽量给出更多的信息。

"他的人际关系也不太好，经常顶撞老师，说同学都孤立他，我觉得可能是他自己心思太缜密了，特别在意他人的看法，自己认为同学孤立他。"

"你觉得孩子近来有什么变化吗？"

"性格方面的确有一些变化，他比过去更不爱说话交流，但是有时候脾气突然爆炸，让我有点胆战心惊。经常说自己睡不好，早上起不来，每天早上我都需要喊三次，老师也反映他上课爱打瞌睡，他还跟我说了好几次头痛，我有个朋友是某医院的医生，已经帮我挂了医院的神经内科，可能还要做脑部检查。"

在我不断地追问下，如此多的信息在最后的10分钟向我涌来：孩子的躯体反应、情绪的突然变化，这些问题已经不是简单的青春期问题了，直接指向了焦虑抑郁。

"好的，我已经清楚你的咨询目标了，我希望孩子能尽快来。"

临走前，妈妈边在门口换鞋，边问我："孩子没什么大问题吧？"

"等我见过孩子再说，如果父母好好配合没大问题，如果父母配合度不够，可能有严重问题。另外，我希望能见一下爸爸。"

"他爸爸肯定不会来的，他以前就一直说心理咨询都是骗我们女人的。"妈妈皱了皱眉头，冲我抱歉又无奈地笑了下，将拖鞋整整齐齐放回鞋架上，神色凝重地离开了。

二

我在第二天的晚上见到了亚男。

就在我与他妈妈第一次见面的当天，亚男的班主任给妈妈打了电话，说孩子头痛难忍，还有点发烧，出于对疫情防控的敏感，老师让妈妈赶紧把孩子接回家并要求做核酸检测，次日到医院拿到核酸报告，妈妈没有送孩子去学校而是直接带到我这里了。

亚男大约一米七八的个头，在初三的成都孩子中，他的身高算是比较出众的，但是他格外瘦削，脸色惨白。他用一副口罩把自己捂得严严实实，前面的头发长度刚好够遮住眼睛。临床中，抑郁严重的来访者，不管男女几乎都会用头发把自己的脸尽可能遮住，这样他们才觉得安全。

在这样炎热的夏天，我们几乎都会穿短袖衣服让自己尽可能凉爽一些，而他，却穿着秋天的长袖T恤，脚上穿着一双FILA运动鞋，是当下中学生们追求的潮牌。

我让亚男妈妈退出咨询室，孩子瞟了妈妈一眼，似乎很担心单独面对我会紧张和尴尬。

在我对面坐下来的时候，他显然有些局促，并且下意识地把左边的衣袖往下拉了拉。职业经验告诉我，这个孩子很可能有自残的情况。

我仔细观察他的指甲，几乎短到不能再短，一看就是被自己咬成了这样。观察儿童青少年的手腕和手指甲是我的职业习惯，咨询中他们细微的动作，比如总是搓手、抠头皮，反映出来的都是孩子的焦虑程度。

我透过他的两个镜片努力捕捉他眼神里的信息，而他几乎从头到尾没有直视我，时而在哽噎的时候，眼泪雾了镜片，他也从没取下过眼镜。第一次咨询，直到他离开我也没见到庐山真面目。

"不用担心，工作室斜对面有一排沙发，妈妈会在那里等你。"我给了孩子一个确定感。

"听说你昨天发烧了？还好吗？"我特意引入一个他没有防御的开场白。而且，发烧很可能是孩子因心理疾病产生的躯体反应。

"嗯，回家我妈给我量了一下，又是正常的。"他没有抬头，声音也很低沉。

听到他的回答，我暗自想着，究竟发生了什么，让孩子如此逃避学校？学习压力、人际关系，还是别的什么原因？

"我听妈妈说你自己提出来需要接受心理咨询，你可以随便说说，看看我能不能帮助到你。"我给他倒了一杯水，放在他面前的桌子上，并小心翼翼开启标准提问模式。然而这次咨询，从头到尾他都没有摘下口罩，水也自然一口没喝。

"我现在又不知道该说什么了。"

"没关系，你想说什么都可以，说自己的一些经历或者目前遇到的困难，都可以。"

"我不想去学校了。"

"哦，不去学校的想法不是你一个人才有，你不想去学校一定有自己的理由，能告诉我是什么吗？"

"我自己也不知道，就是不想去了。但是我也不想回家，我的家很压抑。"

"你可以不去学校，但是我们得讨论不去学校你还可以去哪里。"

"我也不知道去哪里，我又没钱，但是只要是外面，不是学校和家都可以。"

"学校和家是什么感觉？外面是什么感觉？"

"学校和家都很压抑，不自由，外面很自由。"

亚男和我交谈时，我能清楚地感受到他逻辑很清晰，语量也不算太少，至少还能正常交流，我想他抑郁的程度应该还不算太严重。

"亚男，当你觉得特别压抑的时候你一般会做什么？"

他欲言又止，似乎不想说，又似乎很想寻求我的理解。

他犹豫了一会儿，断断续续地说："我……我用手砸墙。"

"砸过几次？"

"就一次，还被同学看见了，就告诉了班主任，同学还陪我去医务室进行了包扎，我不想被其他同学看见。"

我没有说话，继续等待他的叙述，我知道，后面一定还有更多的内容。

沉默了许久，他突然说："我割过自己。"

这个答案我并不意外，因为他没有继续往下说，我便接着问："可以让我看看吗？"

"算了吧。"他又把左手的衣袖往下拉了拉，头依旧向下沉着，似乎根本不想让我看穿他的内心，他在躲避我的观察，或者说，他也许害怕把自己的内心暴露给外人。

"你父母知道吗？"我试探地问。

"他们不知道，我也希望你别说。我妈知道了会担心，我爸知道了也没用，他只会觉得我自己很作。"

"能告诉我你第一次伤害自己是什么时候吗？"

"大概五六年级吧，那个时候觉得特别痛苦，也不知道为什么痛苦，我就用指甲划自己，每次划了都觉得不过瘾，我就改为掐。"

"你有咬指甲的习惯？"

"一直有，大概从小学三四年级转学到成都来就有。"

我在心里对照了一下：三四年级，亚男大概八九岁，他离开熟悉的外婆来到了父母的身边，这里他要面对两个适应性的问题。第一，离开外婆的分离创伤和父母的生活重新适应；第二，学校环境的突然改变，面临没有朋友的孤独。这两个原因足以引发八九岁孩子的焦虑。

"那你第一次割自己是什么时候？"

"大概是八年级上的秋天吧，我记得当时穿的是毛衣，因为那件毛衣已经有点小，衣袖已经不太拉得下去遮盖伤口了。"

八年级上，就是初中二年级，穿的毛衣说明至少是秋天。我脑子里把初二陡然增加的学业压力和秋冬季抑郁高发联系在了一起。

"最后一次伤害自己是什么时候？"我继续问。

他这次没有沉默，瞬间回答了我的问题："前天，跟我爸吵架后。"

"我能问问，你大概有几次这样的行为呢？"

"大概三四次吧，每次都觉得自己很压抑，就像一个气球快爆炸了，必须给自己放点气。"

"你想过结束自己的生命吗？"我顺势问下去。

"当然。可能大多数人都想过吧。"他再一次毫不犹豫地回答，我猜想这个答案在他心里盘旋过很久。

"能具体说说吗？"

"就是八年级上学期第一次割自己的时候就动了这个念头，还有就是前天，我确实很想跳了算了。"

"你想过在哪里跳吗？"

▼ 咨询师手记：

自杀风险评估并不会导致自杀风险的增加，对于有自残自伤的来访者，一定要做自杀风险评估。

"还没有。"他抬头看向我，紧接着说，"不，那太痛了，而且太难看了。老师，我很清楚地知道，我只是想想而已，我不会真的那么做，这个你就放心吧。"然后紧接着提醒我，"千万不要跟我妈说。"

我笑了笑，没有点头也没有摇头。作为一个咨询师，我们会保守来访者的秘密，但是当来访者有自残行为和自杀想法，我们则必须要突破保密范畴。

"能跟我讲讲你的外婆吗？"

亚男突然哽咽了，半天没说出话来。

"她在我六年级的时候得癌症走了……"亚男突然放声痛哭。口罩鼻子的位置已经浸湿，眼镜的两个玻璃片也完全模糊。我递了一张纸巾给他，他没摘眼镜也没摘口罩，只是用左手把眼镜和口罩往外拧起，用拿着纸巾的右手穿入眼镜内擦了眼泪和口罩内的鼻涕。

"我外婆过世爸妈都没告诉我，我刚好要参加小升初的校内考试，爸妈怕影响我，我连葬礼都没参加，这是我永远的遗憾，我恨他们。"

我没有再去提问或者回答，静静地坐在椅子上，看着眼前的男孩放任地哭，直到他慢慢平静下来。

我不由得想起每一年都有父母向我提出的一个问题："如果正值孩子高考，家中亲人离世，应该把消息告诉孩子吗？"这样的疑问似乎每个家长都曾困惑过，我承认他们的决定其实是在为孩子着想，只是他们没有站在孩子的角度去思考问题，他们担心会影响升学，而没有共情到孩子的感受。

"如果是高考我能理解，但是小升初有那么重要吗？"他像是在反问我，又像是在自答。

和亚男的第一次见面就这样结束，轻轻关上咨询室的门，我瘫坐在沙发上有一种喘不过气的感觉，做了三次深呼吸，准备写完案例记录后给一位对我支持度很高的同行打个电话。

心理咨询师用自己身体全身心去感受对面坐着的那个人，此时我的感受就是亚男带给我的感受，这个感受也是他在家里或学校的感受。

在他离开的短暂几分钟后，咨询室的门被再次敲响，后面已经没有预约，我很好奇谁会在这么晚登门造访。女性的身份让我提高了警觉，我并没有开门，只问来者为何人。

"郑老师，我是亚男。"外面回应了我。

我赶紧打开门以为他有物品遗忘在咨询室，没想到他说：

"我把鞋套就放在鞋架上了。郑老师再见！"

鞋架就在咨询室门外，把鞋或鞋套放到鞋架并不需要告知我，亚男专门把门敲开告知我一声，显然动机不在行为本身。多年的职业素养告诉我，这是一个特别需要被关注和关怀的大男孩。而且，他的行为也在向我发出积极信号：他愿意和我有更多的沟通。这是一次好的开始！

三

第二次见到亚男的时候，他转变太快，竟让我有些意外。

他不仅语量有了明显增加，居然还把前面长长的头发剪了，虽然和上次一样戴了口罩，但他喝水的时候把口罩拉到了下巴的位置，在我面前露出了整张脸，一张很"俊俏"的脸。

我们一般会用"俊俏"形容女生，但用在他的身上一点也不过分。

他说本周心情有了较大的好转，我们聊起了他喜欢的文学："我喜欢张爱玲，她很深刻，就像一个爱情哲学家。"

聊文学的时候，我能感受到他喜欢的作品或者作家，甚至喜欢的经典句子的确如妈妈所言，处处渗透着"隔着眼泪看世界，整个世界都在哭"的悲伤。

这孩子需要一个能倾听他心底声音的出口，我耐心地听他讲述曾经的种种过往，和他一起探讨内心的"悲"的美学和悲的源头。

"大概12岁以前，我总是担心厕所里有坏人，会闯进我这边的隔断，如果遇到那种很黑很暗或者很僻静的厕所，那我宁可忍着不去；睡觉的时候也担心有坏人，不敢闭眼睛，生怕闭上眼睛某种妖魔鬼怪就要冲进来。郑老师，你遇到过洗头发不敢闭眼睛的情况吗？水流声会让人听不清外界的动静，如果再闭上眼睛，天知道会发生什么可怕的事。"

我已经有些明白了，眼前这孩子的安全感一定遭受过严重的破坏，究竟发生过什么？是童年几乎没有父母的参与，他曾遭遇过什么吗？

"小学三年级的时候，我曾经遭遇过校园欺凌，有几个同学把我的文具盒从三楼扔到楼下，让我自己下楼捡，课间休息只有几分钟，但我却要跑上跑下去捡东西，结果上课迟到被老师责骂，回到家看到文具破破烂烂妈妈也会说我。"

"你没有跟父母说吗？"

"我不信任他们，他们只关心我的学习，我就很想外婆，晚上经常想着外婆流眼泪。后来我发现自己会出现一个行为：当别人说话的时候，我总想抖脚，别人说几个字，我的脚就不自觉地动几下，从四五年级开始，有时心烦的时候还会扯头发。"

抖腿和扯头发是焦虑和强迫的表现，这种焦虑如果不能得到及时处理，随着时间的流逝不仅不会减弱，反而会增强，而这孩子显然早就发现了自己的问题，但始终保持沉默，压抑着自己的内心。

"郑老师，其实好多年，我都对七八岁时的一个梦境记忆犹新，即使长大了，依然有印象，梦里有一群人在抢孩子，每每想起那个梦境里的场景，我的内心就非常恐惧。去年开始，我特别想把自己封闭起来，在学校和家里都想锁门，总觉得这样心里才踏实。"

听到这些叙述，我更加肯定这是一个极度缺乏安全感的孩子，七八岁的年龄，难道是知道自己要离开外婆，梦到的是外婆和父母争夺自己？

释梦，是精神分析取向的咨询师的基本功，释梦是我们通过来访者的梦境来判断其无意识内容的重要手段，释梦也能够使来访者了解自己那些未得到解决的事件。

我在我的另一本书《一看就懂的育儿心理学（0~6岁）》一书中，对噩梦后的儿童如何改梦境有更详细的描述。

"2020年的时候外婆去世了，外婆和我朝夕相处了8年，可我，却连她的葬礼都没能参加，我非常非常自责，也非常伤心，甚至还会恐惧，担心身边的人会离开自己。"

早期和父母分离的创伤、童年时代和外婆分离的创伤、没有充分哀悼的亲情、对父母爱恨交织的情感、担心亲人再度离开的焦虑，组成了这个孩子悲观的底色。

"我认为自己所有的悲观都来自父母。我的父母非常理性，却永远无法感受我的感受，永远无法站在我的角度去看待问题，他们会给我带来强烈的情绪。"他略加停顿，"小时候，见爸爸的次数很少，跟他一起生活之后，我发现爸爸对我特别粗暴，小学的时候我经常挨打。我羡慕别人的爸爸对孩子的态度，有时候，我甚至怀疑我不是他亲生的。"

他低下了头，声音有些哽咽，我无法想象一个对妻子呵护有加却对孩子暴力相向的居然是同一个男人，但我也知道父亲是解决问题的关键。

"还有一件事，我恐怕永远也无法得到他们的理解了，也许等我成年以后就选择离开这个世界。"

我愣了一下。他继续说："我是同性恋。"

我随即跟他澄清了同性恋的确定需要成年以后，青春期的性取向都是在流动中，所以不要急于给自己贴标签。他再一次确切地告诉我："我基本可以肯定我自己就是天生的同性恋。"

"你为什么这么肯定呢？"

"我从小就喜欢和女生在一起玩，我很羡慕她们能穿裙子，能背各种漂亮的包，有一次我和我的两个表姐三家人一起外出玩，我们住在一家酒店，到了晚上我妈妈就把我叫回了自己的房间，说太晚了，我一个男孩子待在女孩子房间不好。我特别失望，非常希望自己是一个女孩，这样就可以和她们继续聊天了。"

亚男沉默了一会儿，继续说：

"我从六年级开始就很稳定地喜欢一个男生，我知道他也喜欢我，我们都从来没有表达过，但是我知道他喜欢我。我曾经试探过我妈，说我们班有个同学是同性恋，我妈说恶心，让我不要和那个同学在一起，我就知道我们家接受不了这样的事实。

"郑老师，我，我还有一个爱好，我对谁都不敢讲。"

亚男又沉默了。

"没关系，如果你还没有做好准备，可以不用现在就说。"

"不，没关系，我说出来会好受一点，我藏得太久了，我觉得自己绷不住了。"

亚男说到这里，我必须鼓励他："那就说出来吧，说出来会好受很多，咨询师是不带有道德评判的。"

"嗯，谢谢你。我，我还喜欢收藏女性的用品，指甲油、口红，还有裙子，偷偷穿妈妈的高跟鞋。"他羞愧地低下了头。

"这些东西难道没有被你父母发现吗？"

"我藏在床垫下面，我妈不会去翻床垫。"

"这种和大多数人不一样的爱好，既不能告诉同学，也不能告诉家长，你自己的内心感受是什么？"

"我很痛苦，我曾经试图做过努力，想改过来，但是我做不到。我觉得上帝犯了一个错，把我生错了性别。每当想到这些我就很羞愧，觉得无地自容。"

"如果我们的性别是改不了的，你有什么打算呢？"

"我想过这个问题，我如果实在熬不下去就离开这个世界算了，我的出生就是一个误会；再或者等到我爸妈死了以后我再过自己想要的生活。"

"人生还有没有第三种选择呢？"

"如果是别人家，可能还有，我们家不可能，因为我的家庭，尤其我爸爸是绝对不可能接受的，我想都想得到，他会认为这是伤风败俗。"

我大约知道亚男"悲"的底色从何而来了。作为一个性别少数孩子，不能向同学**出柜**（指性少数群体公开自己的性倾向或性别认同的行为），不能向父母出柜，万一不小心出柜还要和家庭展开翻天覆地的斗争；自己能够找到所爱的对象也是一件比较艰难的事情，找到了爱情，情感可能还很不稳定，不能结婚，不能生孩子……亚男面临一系列的难题。

作为一个青春期的孩子，他对社会的认知和自己的认知还很肤浅，他缺乏和这个世界抗衡的力量。

▼ 咨询师手记：

抑郁和同性恋有相关性，但是相关性不等于因果关系。同性恋人群的抑郁主要来自社会因素。

我们沉默了一会儿，我开始了对这个青少年的指导："这不是什么大事，这个世界上的性别少数人群不是你一个，虽然生活中的大部分人都是异性恋，但同性恋也占了所有人群的2%—4%，也就是说一个教室里如果有50个同学，就有1—2个是性别少数者；一辆公交车如果坐满了人，其中也有至少1个同性恋。同性恋的存在是一个非常稳定的比例，从古代到现代，同性恋现象一直存在。跨民族跨文化，同性恋也一直是稳定的存在，只不过过去媒体不发达，大家不知道而已，其实从古至今，像你这样的人还不少。今天的社会和过去已经有很大不同，我们的价值观更加地多元，如果你在成年后非常确定自己是同性恋，我给你的建议是接纳自己的性取向，因为你没有错。学生期间，你可以把这个小秘密藏起来，因为我们只有性取向和别人不一样，其他所有的智力、情感等都没有任何不同。你该读书读书，该考试考试，该追求自己的人生目标就去追求自己的人生目标，等你到了成年，你自然有力量推翻旧有的秩序，过你自己想过的人生，就像金星，性别一点不影响她的成功。

"至于你的父母，你不用太担心，社会在进步，我相信他们是爱你的，如果成年后你打算向他们出柜，我们再来讨论方法与技巧。而那个时候说不定他们的观念已经随着社会的发展而发生改变了，亚男，勇敢做你自己就好。"

佳雯解析：

根据联合国发布的《中国性少数群体生存状况》，选择出柜的性少数群体面临着多重困境，包括在校园、职场中存在的歧视问题。如果社会对性别少数人群的容忍度很低，家庭就是孩子能够唯一依靠的港湾，如果连家庭也拒绝接受孩子的性取向，孩子轻则离家出走，重则选择离开世界。

我曾经有两个来访者，一位是已经参加工作的企业高管，一位是大学在读学生，他们都不约而同选择了考取国外的硕士，原因是"这样我就可以公开和我所爱的人在一起"。

让我没有想到的是，亚男的眼里一边放着光，眼泪却像断了线的珠子往下掉，他突然对我说："郑老师，我能不能抱抱你。"一个青春期的男孩说要抱抱我，我完全没有思想准备，脑子里跳出了"咨询师守则"："不能和来访者有任何肢体的触碰"，当我还在犹豫该怎么做的时候，亚男突然跪在我坐的沙发跟前，抱着我的双腿号啕大哭起来。看着这个身高接近一米八的大男孩，像个婴儿般蹲在我的面前，我母性的柔情突然涌上心间，我用手抚摸着亚男的头不停对他说："这不是你的错……"

我知道，当这个男孩，哦，不，也许是女孩离开咨询室后，将成为一个更有力量的自己。

▼ **佳雯解析：**

我们把性别少数人群称为L（女同）G（男同）B（双性）T（跨性别），从英文中我们就可以看出性别少数人群其实有很多分类，同性恋只是其中的一种。尽管在世界范围内，性别少数平权运动正在逐渐兴起，但是性别少数群体的生存现状仍然不容乐观。

关于性别少数人群，我做了以下归纳：

1. 性别少数者的出现原因不明，性别是生物、心理和社会综合作用的结果。

2. 同性恋不是病。

3. 同性恋在人群中的比例为2%—4%；双性恋占0.4%—0.9%；跨性别为十万分之2—5，男女比例3：1，还有一部分人不认为自己是任何性别，这个人群被称之为"酷儿"。

4. 性取向不是人能够主观决定的，也和道德没有关系。性取向没有任何矫正的方式，所以不要试图改变性取向。

5. 同性恋不会遗传。

在针对性别少数群体的权益保障方面，我国做出了国际承诺，并通过多项法律政策保障性别少数群体的选举权、劳动就业、教育等多个领域的权益，但也仍然存在进步空间。

性别少数群体在工作学习生活中,比他人更容易遭受暴力和不公正对待,且能见度较低。他们面对的社会压力,也导致性少数群体的身心健康更容易出现问题。所以对于性别少数人群的咨询主要是去干预他们因性取向带来的心理冲突,其他的咨询和异性恋者的咨询一模一样。

在同性恋未成年人的咨询中,咨询师要帮助他们找到未来人生发展的方向和目标,也就是说我们咨询的目标不是改变性取向,而是减少因性取向带来的压力,促进青少年的发展与成长。

四

有一天早上,亚男和母亲发生了冲突,他砸碎了家里的镜子,晚上咨询的时候母亲也进入咨询室,跟我描述了她的委屈和愤怒。让我没有想到的是,这对母子俩竟然在咨询室里剑拔弩张,争吵不休。我并未阻止他们争吵,因为这恰好是观察家庭互动模式的好时机。

▼ 咨询师手记:

咨询师千万不要急着出手干预家庭成员在咨询室里呈现出来的冲突和矛盾,这恰好是观察这个家庭动力的最好时机。一对夫妻、一对母女、一个家庭在咨询室呈现出来的沟通方式恰好是他们在生活中的互动方式。咨询师只需要冷静观察,让子弹多飞一会儿,再适时干预。新手咨询师面对这种情况,可能会陷入尴尬,你只需要放轻松,保持平静,你只有平静下来,才能观察到细枝末节。

他们相互指责、相互埋怨，妈妈数落着亚男的各种缺点，亚男终于摔门而去，剩下妈妈在咨询室里暗自垂泪。

我给妈妈递了纸巾，妈妈觉得为孩子付出了很多却得不到理解。在妈妈和亚男的互动中，我明显感受到妈妈的各种说教，很多家长面对处于青春期的孩子，都有些束手无策，大多数家长对青春期孩子的特点和心理状态并不了解，我从生理和心理两方面简单对妈妈进行了青春期孩子特点的指导，并教了一些如何和青春期孩子共情的具体方法。

▼ 佳雯解析：

青春期的孩子因性激素如洪水猛兽滚滚而来，生理的变化导致情绪的变化，所以青春期的情绪是一生中最不稳定的时期，而此时孩子的大脑额叶发展还没有成熟，无法用理性处理冲动，所以父母千万不要和青春期的孩子较真儿。

父母们会发现，小学时候好用的教育方法到了青春期就不管用了，这也是在提醒父母你的教育方式需要改变，因为孩子变了，父母要把小学时候权威式的沟通方式改为顾问式沟通，闭嘴多听。

我对她说："只有先共情，孩子才有可能把心打开，如果一开口就说教，孩子的心门马上关闭。不管孩子回来说什么，不管对不对，你先认同他、附和他，等他把情绪宣泄了，平静下来后再带着他去反思。"

经过几次咨询，亚男的情绪好转较为明显，随着情绪的好转，成绩也开始提升。

▼佳雯解析：

孩子学习的问题首先应该解决情绪问题，学习是对事，情绪是对人。每个人的精力和时间都有限，如果用过多的精力处理情绪，就只能用余力学习。当情绪问题解决了，大脑才能腾出空间来学习。

很快到了期中考试。除了英语考得不太好，亚男的其他学科都有较大的进步，这一次见面，亚男用了很长时间和截然不同的态度向我讲述了自己的母亲。

"最近，我发现我更理解我妈妈了。我妈妈其实非常善于捕捉我的情绪，只是她不会表达，一说话就像在说教。但是今天我拿到考试成绩的时候，我妈居然说了一句很像咨询师才说的话，她说：'你最近有很大进步，尤其是你的数学，你要记住这种感觉，记住它，它就会持续地影响你。关于英语你也不要气馁，这说明我们词汇量的积累还不够。'郑老师，不知道你能不能明白我的感受，我今天特别想跟我妈继续聊下去，我以前从来没有过这种感觉。"

我向他点头回应并欣慰地笑了笑："爸爸有改变吗？"

"他呀，我不想说，他不知道我们在做咨询，每次我妈都说是来补英语。"亚男突然话锋一转，"我爸爸非常非常粗暴，他平均每个月要打我一次，还扇过耳光，用皮带打过我。我觉得自己在同学面前很懦弱就是他带给我的，我现在想到他都觉得很恐惧。"亚男越说越激动，我不能打断他，那些从来不敢向外人提及的痛苦和未处理的创伤，一定要得到充分的宣泄。

"爸爸还对你做过什么？"

"我印象最深的一次是在亲戚家里，我爸说'老子当着所有人的面都可以把你打一顿'。还有一次我忘记从学校带作业回来，立刻被扇了一耳光，我妈看到我爸打我也不会拦着，我恨他们，我永远不会原谅他们，因为我忘不掉自己的童年。

"我从小被他们蔑视，他们从来看不到我的优点，以至于我到今天都觉得自己非常糟糕。"

亚男向前探了下身子，双臂交叉，我知道这段记忆让他无比痛苦。

他继续说道："我从内心深处非常恐惧我父亲，一说到他我的心就一阵收缩。我8岁以前和外婆在一起的生活简直太幸福了，和父母一起生活就是我噩梦的开始，我感受不到他们的爱，只有物质的满足，从来没有精神的滋养，我的欲望从来没有得到过满足。我觉得这个家是冷漠的，我在这个家里完全没有感受到温暖。"

后来的咨询中，我了解到亚男的语文特别好，他曾自己写过一些小说。从2017年到2020年曾写了三本"小说"，《悲，是最高的哲学》讲的是女孩幻想离开父母，因为她的父母很残暴，而且吸毒，女孩天资聪颖，后来在自己事业的高峰期选择到深山结束了自己的一生，死前还把自己打扮得很漂亮。第二本是《元宇宙的毁灭》，讲述一部分人类到达另一个宇宙，一部分人仍然生活在真实的地球，但生活在真实的地球的人和元宇宙展开了一场网络战争，最后元宇宙推翻了整个地球的旧时代。这些"小说"隐喻的可能是孩子想要推翻父亲的权威，建立自己的话语权。

▼ 咨询师手记：

来访者不会随随便便说一句话，他的叙事都有隐藏的含义，需要咨询师去识别，尤其要关注到叙事中的比喻。

还有一本是《肮脏的交易》，讲述一个女孩从来没有得到过父爱，她长大后希望嫁给一个完全和父亲不同的人，但是她没能如愿，她的老公依然很残暴。她的好朋友告诉她要仇视自己的父亲，但女儿认为不应该仇视，不管怎样毕竟是自己的父亲，她内心一直非常冲突，尽管凭借自己的努力，事业取得了极大成功，但是她内心却不知为何非常悲哀。

我问他："这个女孩从事什么工作呢？"

"可能是个会计，也可能是个程序员。"他坚定地回答。

"女孩子为什么做这个啊？"

"因为她不能有情感的需要，所以她只能从事和情感无关的事情，否则她就会感到痛苦。"

▼ 咨询师手记：

来访者说别人的时候，往往投射的是自己。

"你自己能理解自己为什么会写这些题材的小说吗？"

"我也不知道，我一开始其实是没有什么构思的，想到哪儿就写到哪儿，只觉得有点悲，像自己。"

一个人的绘画、梦境、写作内容，代表的都是自己的潜意识，我在亚男的写作内容中看到了亚男潜意识的冲突：一方面恨父亲，另一方面又觉得不能恨父亲。内心的疾病往往就是源于这些冲突，过去的旧疾在冲突下会被点燃。

"如果现在让你再写一篇，你会写什么呢？"我想了解他的潜意识有无改变，再次做个评估。

"老师，我懂你的意思，其实我现在开始意识到喜欢'悲'是有问题的，因为我最近也曾体验到了美好的温情，比如我妈妈的改变。"转而又说，"虽然我妈有转变，但我也不想原谅我妈，也想继续恨她，因为我爸打我的时候我妈说我该打。"

▼ **咨询师手记：**

咨询师要根据来访者的情况，在咨询三五次后约见父母访谈，一来对父母做一些情况的反馈，二来需要家庭做出相应调整。

在我强烈的要求和亚男妈妈的"软磨硬施"下，亚男的父亲终于答应在某一天的下午1点前来咨询室。

亚男妈妈在爸爸来我这儿前一天特意给我发微信："爸爸觉得心理咨询都是骗人的，如果他明天提出要看您的从业资格证，还请老师多担待！另外，爸爸只知道孩子来过一次，您就不要说孩子来过多次，相信老师能理解我的苦衷。"

其实早在妈妈第一次到访的时候，我就给妈妈发了一份我个人的资料，其中就包括我的职业资格证书编号，只是妈妈到访的时候很匆忙，忽视了阅读。爸爸的要求并不过分，但因亚男爸爸认为"心理咨询都是骗人的"，等于把像我这样的同行们当成"骗子"，我内心确实产生了强烈的不快。

我很快觉察到了自己的情绪反应，立刻开启了自我分析模式，这种强烈的反移情不仅包含了亚男爸爸对我的不信任，还有他对孩子的粗暴养育，以及因自己的认知局限，让妻子不得不隐瞒孩子接受心理咨询的事实。

▼ **咨询师手记：**

咨询师一定要随时保持对自己情绪的觉察，不管正向还是负向的情绪都是我们的反移情，我们一方面通过反移情来理解来访者，另一方面要随时处理对咨询会带来污染的反移情。

这一次我差一点失去了一位心理咨询师的笃定。而我强烈的情绪反应又何尝不是亚男平时在家中的感受呢！咨询师总是用自己当下的反移情来感受来访者的现实生活的。

五

第二天，我终于见到了这位"传说中"的爸爸。

爸爸中等身高，戴着一副看起来很传统的眼镜，礼节性地跟我打了招呼。

"麻烦您先换一下鞋。"我向爸爸发出了指令。

其他人进入咨询室前换鞋仅仅出于我对洁净环境的需要，咨询室内有地毯。我给大家准备的拖鞋，不管夏款还是冬款脚感都非常舒适，会让来访者更加放松。但这一次对爸爸提出的这个要求我是经过刻意安排的。

▼ 咨询师手记：

对待不同的来访者，咨询师要采用不同的态度和方法。对于自卑的来访者，咨询中我们需要鼓励、肯定、扶持；对于自恋的来访者，建立关系后可以适度阉割；对于配合度不高的来访者，可以设计指令，接下来的咨询环节配合度会得到一定程度的改变。

门口换鞋的时候，妈妈非常殷勤地询问爸爸究竟穿鞋套还是换拖鞋，我立刻微笑地对爸爸说："换拖鞋吧，舒服一点，都用酒精消过毒的。"我再次发出了暗示性指令。如果爸爸听从暗示换了拖鞋，他对这次咨询会更配合，如果不按照我发出的暗示行事，我们后面的谈话估计会比较艰难，这代表爸爸有强烈的排斥和防御。

他选择换上拖鞋进入咨询室，这是我的侥幸，也是亚男的幸运。

我请爸爸坐到了我对面的沙发，他将整个身体靠在沙发的靠背上，跷起了二郎腿，肚子略微挺起，手交叉放在腿上，没一会儿又交叉在了胸前，他用了日常最习惯的姿势或者说最舒服的姿势，我能感受到他对我的防御。坐在他对面的我，仿佛是前来面试的人员，妈妈则有些紧张地坐在了侧面的沙发。给他们夫妻倒了两杯水，我开始了正式访谈。

"听说爸爸工作非常忙，平时都是周末才回家，今天也是特意抽时间来这里，说明爸爸对孩子的教育非常重视。"

爸爸把交叉于胸前的双手放到了沙发扶手上，我继续说道："因为爸爸工作忙，今天可能是我们唯一的一次见面。今天之所以把爸爸请过来，就是因为爸爸在儿子的生活中扮演了非常重要的角色，尤其是青春期的儿子，爸爸的重要性超过了妈妈。亚男到我这里来过一次，他给我的印象是一个很乖的孩子。"我话锋突然一转，"他很乖，但他的问题恰好在于他太乖了。"

爸爸说："我就是觉得这孩子没有男人的阳刚之气。"

我继续引导爸爸说道："能请爸爸给我讲讲你儿子的优点吗？"

"他过去很听话，现在不行了，全跟你反着来。"我心里想，反着来就对了。"前段时间还跟我干起来了，越来越无法无天，回家就把自己关在自己房间不出来，我不准他锁门……"

我让爸爸说说优点，他说的全是缺点，父子关系模式清晰可见。于是，我立刻打断了他。

"对不起，我是让您说说孩子的优点。"

"哦，他很善良，人际关系也非常好，男女老少都能打成一片。就是听说上课走神，写作业也非常拖拉，数学有时候讲了好几遍，还是不行。"

"我是说孩子的优点。"我再次提醒他。

"就是比较善良嘛，人际关系还可以，原来非常乖。"

"还有吗？"我继续追问道。

爸爸一时语塞，望着妈妈说："还有吗，你来补充。"

"妈妈陪孩子来过一次，我知道妈妈的观点。我来给两位反馈一下孩子的情况吧。你们知道孩子用自己的手去砸墙吗？他说虽然手会比较疼，但这样心就不会疼了。他还有自残的行为，你们去观察一下孩子的左腕，他用刀片割自己，让我不要告诉妈妈。为什么他没有说不要告诉爸爸呢？因为他根本不相信爸爸会到这里。当孩子有自残自杀想法和行为的时候，我就必须突破保密范围告知监护人。"

　　爸爸感觉非常震惊，妈妈眼泪"唰唰"往下掉，我曾在单独见面时告诉过妈妈，她是有心理准备的，但仍然忍不住落泪。

　　爸爸立刻回应说："不会吧？"

　　我没有理会爸爸的疑问，因为任何解释对此时的他而言都不足够，我继续介绍孩子情况的严重性："这个孩子从八年级上学期就开始自我伤害，已经有好几次行为，最后一次就是上一次和爸爸发生激烈冲突以后。"

　　爸爸听到这里脸色倏然变化，立刻放下了一直跷起来的二郎腿，向前探着身子，认真听我讲述。

　　"我刚才说孩子很乖，但他的问题恰好就在于乖，我这里需要详细解释一下。"

　　我向父母介绍了一个孩子在青春期需要完成的几个心理发展任务：离开父母，自己做主，寻找同伴，与众不同。逐一为他们分析孩子在这几个心理发展任务中受挫的地方。

▼ 佳雯解析：

　　青春期孩子的第一个阶段要离开父母。孩子进入青春期，

147

父母对孩子的作用就已经不大了，他们想从物理距离上疏远父母，不再事事和父母分享，他们更需要同伴关系，但是他们从物质和心理上仍然无法抛弃父母，当他们对父母有需要的时候，他们希望父母随时站在自己身后。

第二个阶段孩子需要自己做主。他们往往需要自己管理空间、管控时间，做出自己的计划与安排，这是他们长大成人的内心需要，如果还像小学阶段一样用权威式的管理方式，孩子就不能顺利完成这个心理任务，反复和父母斗争纠缠。父母越放手，孩子在这里的消耗越少。如果在和父母的较量中败下阵来，长大后他在外面一般也言听计从，他会成为一个听话、顺从的孩子，但唯独不会成为他自己，因为他的内在力量受挫（多数时候儿子在父亲那里受挫，女儿在母亲那里受挫），所以他一生憋屈而平庸，但又充满愤怒。

第三个阶段是寻找同伴。这个时候的孩子对人际关系相当敏感，他有可能会因为人际关系的问题而不去学校。案例中的亚男在学校一直找不到志同道合的朋友，他的内心其实非常苦闷。

而第四个阶段是与众不同。青春期的孩子希望自己和而不同，成为与众不同的自己。

我一边讲解，一边仔细观察爸爸，他的表情慢慢凝重了起来，我询问爸爸："我刚才介绍了青春期孩子的特点，我想听听爸爸现在是怎么理解自己儿子的。"

爸爸语气中有些不确定，吞吞吐吐地回答我："我早就发现儿子没有阳刚之气，但是没想到会这么严重，而且我觉得他和我们小区的孩子关系都还可以，怎么会在学校就不好呢？确实我对他的管理有问题……"

"您在这里用了一个词叫'管理'。"我又一次打断了他，"小学的时候你可以用这个词，进入青春期你要从管理者的身份变成顾问的身份，更不能把领导的身份带回家。"我继续说道，"为什么你的儿子没有力量，因为力量都在爸爸那儿，爸爸力量太大，儿子的力量就被钳制了，他拼了命地想要往外生长，你拼了命地要压制他，最后就被你压在了种子壳里无法生长。如果你想让你的儿子有力量，最好在这个时候让一让位，适当地退后，让他顺利出来。他的力量一旦被压制，他愤怒的情绪也出不来，向外的攻击性就会转为向内攻击，所以你的儿子会自残，自残的下一步就有自杀的风险。"

▼ **咨询师手记：**

咨询师要善于捕捉来访者的词汇和口误的地方，比如爸爸用的"管理"，来访者不经意的语言往往是潜意识的投射。咨询师要训练出眼睛（来访者的肢体语言）和耳朵（不经意的语言）的敏感度。

我在与父亲交流时，始终盯着他的眼睛，他看出了我并非危言耸听，当我说到自残自杀时，显然扰动了他，他有点局促不安，突然面对自己的妻子："你天天管他，这些情况你咋都不知道啊！"爸爸开始推责，这是他的防御，把责任转给母亲好让自己避免内疚的惩罚。

防御是精神分析取向的咨询师时时需要审视的部分，我们通过来访者的防御方式来判断他的人格模式。

妈妈很茫然，不知道儿子的问题或者父子的冲突，怎么突然就变成了自己的问题："这怎么能怪我呢，你看你自己平时动不动就打他，我如果护一下你还连我一起骂，我们敢跟你说吗？我们就连来做心理咨询都不敢告诉你，让你来咨询你听吗？"

因为时间关系我必须赶快平息硝烟，否则观察一下夫妻的互动方式也还挺有意思的，能了解这个家庭更多的动力模式。

"两位，现在孩子已经出现问题了，我们的目的是解决问题，而不是相互指责。你们都是第一次当父母，也没有任何教育心理学的背景，所以在教育方面出现问题也并非不能理解，我们来讨论一下接下来我们该怎么做。"我赶紧安抚好双方的情绪，抬眼望向了不知以后还会不会来的父亲。

"哎，"爸爸长长地叹了口气，继续说道，"我教育孩子确实有些粗暴，这个可能和我自己的价值观有关。我从小就是这么被我爸妈教育大的，坚信'棍棒底下出孝子'，但是我很成功啊，考上985学校，留在大城市，一路升迁顺风顺水，怎么到儿子这里就不对了？"

"那是因为时代不同了。你上初中的时候学习难度、作业量、竞争压力没那么大，社会也没那么复杂，父母对你也没那么高的期待。你放学了还可以跟农村里的小伙伴玩泥巴，你再看看今天生活在钢筋水泥里的孩子，放学后有几个能和小朋友一起玩儿的？现在的孩子都在提前学习，提前学习被迫让大脑额叶提前发育，却抑制了情绪大脑的发育，这就是拔苗助长带来的后果。今天的孩子呼唤平等，他们要做自己，他们比我们上一代人更具有批判精神，他们更有可能成为自己。所以一代人有一代人的生活方式，我们的教育方式就要做出相应的调整。当你的拳头挥向孩子的时候，你打掉的是你儿子的自尊和自信。"

"哎！"爸爸再一次长长叹了一口气，"儿子过去跟我说想当军人，我想都没想就拒绝了他，看来也错了。"

"你为什么不想儿子当军人呢？"

"我担心他的安危啊！"

"一个人的目标是随着年龄的增长和认知的提升做出相应调整的，我小时候还想自己成为明星呢，长大后看看自己的外表离明星的差距很大，就放弃了这种念头，长大后反而对心理学产生了强烈的兴趣，于是会重新调整和选择。所以不是说一个孩子现在说长大想做什么就一定是什么，但是孩子的梦想哪怕不切实际，都需要得到尊重和支持，你越尊重他，他越敞开心扉，理性思考。"

爸爸点了点头，说道："嗯，我回去要调整一下我的方式了。"

看到爸爸这么短的时间态度能有此转变，我觉得已经是最大的成功，于是继续给他提出建议："那么我们约法三章吧。"

爸爸表情认真地望向我，我语气坚定地向他提出了三点要求：一是永远不再动手打孩子，并想办法向孩子表达自己的歉意；二是从过去的权威式管教变为民主协商；三是增加和孩子一起运动的时间，重新培养亲子关系。

离开咨询室之前爸爸对我说："我愿意支持孩子接受系统的心理咨询，但是请郑老师不要对孩子说我来过。"

两人离开大约10分钟后，我给妈妈发了一条微信：请转告爸爸，青春期是改善亲子关系的"末班车"。

六

亚男几乎每次都能按照时间安排来到咨询室，眼看着这孩子的变化，我知道这与父母的态度转变分不开，与父母背后的努力分不开，亚男的表情慢慢变得轻松，给我的眼神交流里越来越多地呈现出"希望"。

一次咨询前，还没进咨询室，亚男在门口弓着身子一边换鞋一边迫不及待地跟我说："郑老师，你知道吗，我爸居然跟我道歉了，简直是太阳打西边出来了。"他的表情里充满了兴奋，迫不及待地要说给我听。

待他坐定后，我面带微笑地问他："你爸怎么跟你道歉的呀？"

"他是做了铺垫的，上周我们学校所有老师要学习，放假一天，我爸让我主动把同学约到我家打球，这已经让我觉得很惊讶了；更惊讶的是，我爸居然和我们一起打，我其实根本就不想理他，不过他对我同学很友好，打完球我爸往我手机里转了200块钱，让我在外面请同学吃饭，他就不参加了。回家后他居然跟我讨论起了军事，说希望我将来成为一个武器设计师。然后还说自己过去对我太粗暴了，他会慢慢改变方式。"亚男描述的过程中，嘴角始终上扬，眉眼之间明显有了光芒。

"爸爸向你道歉，你是什么感觉呢？"我赶紧问道。

他的手不自觉摸了摸脸颊说道："有点不自在，但是心里挺高兴。"

▼ 佳雯解析：

跟孩子道歉永远不晚，一旦父母展现出这样的态度，孩子接收到了，对孩子的生命就是一个非常好的疗愈，很多孩子都在等父母的这一句话。

"听说你曾想过长大后要参军，具体的想法是什么呢？"

"我想上战场，保家卫国。"他毫不犹豫地脱口而出。

"那爸爸为什么只希望你成为武器设计师呢？"我不断引导，让他自己寻找答案。

他再一次脱口而出："他肯定是担心我的生命安全呀！"

"哦，看来你爸爸还是爱你的嘛！"我微笑着点点头。

"毕竟我是他亲生的嘛。"那孩子露出了久违的、灿烂的笑容。

再后来又听孩子说自己向爸爸推荐的《平凡的世界》爸爸已经在看第二本了，过去是绝对不会重视儿子提议的；爸爸看到自己在小区打球不再命令自己几点回家，只提醒自己把握好时间；爸爸和自己讨论女权与男权；再后来听妈妈说，爸爸建议妈妈多学一些心理学知识。

我和亚男已经一起工作了半年，从夏天到冬天。迄今为止我也只见过亚男爸爸一次，亚男直到今天也不知道他那个在棍棒下受到教育的爸爸也曾坐在我的对面讨论他的儿子。

拿下父亲这只拦路虎，亚男还要处理和外婆的丧失分离、内心安全感的重建、过去创伤意象的修改、人际关系的问题和学习动机的问题。当这一切都解决了，亚男对"悲"的哲学自然也就改变了。

　　我们每个人都曾经历这样的场景，告诉孩子自己曾犯过这样那样的错误，吃过这样那样的亏，踩过这样那样的坑，并站在过来人的角度给孩子指了条"明路"，告诫他们这样不对，那样不对，似乎告诫是防止他们犯错的最好途径。其实我们错了，我们坚持认为对的方法、对的事情往往才是真的错误。特别是青春期的孩子，告诫或者更严厉地教育是无法达到预期的，反而和他们背道而驰，越走越远，对与错都该让孩子亲自尝试，好与坏都不该将孩子限制在我们认为的安全区域，家长的权威所限制的是孩子向外看的眼睛、走出去的脚步和独自感知世界的心，只有让孩子亲自脱下鞋踩在或温热或荆棘的泥土里，他才能真正感受脚底的温度，留下有力的脚印，为探索未来更大的世界积累好心理资本。

争　宠

从事心理咨询工作多年，我曾见过很多表面上看来匪夷所思的特殊案例，当然也曾见识过很多有趣的，本身又极具代表性的现象。

由于工作的特殊性，我经常需要和青少年打交道，解决孩子们在青春期阶段出现的各种各样的问题。在绝大多数案例中，父母或其他家庭成员会陪同孩子一起来访，换句话说，在心理咨询工作中，心理咨询师需要面对的常常不是单一个体，而是整个家庭乃至家族。

在成长环境、生存年代、受教育程度等不同因素影响下，成年人与未成年人的思维方式、处事态度、发展需求往往千差万别。在某些情况下，法定监护人带孩子们来进行咨询的目的更为简单粗暴。比如，某个孩子出现了明显的抑郁表现，随之出现了厌学、嗜睡、记忆力减退、自残等具体症状，监护人在这时带孩子来进行咨询的诉求往往就是解决这些直观的表象，最终目的是让孩子恢复原本的状态，积极阳光，在学习生活中拼搏奋进，重新成为他们的骄傲；可反观深陷迷茫困惑的孩子们，他们的诉求往往更偏向深层次，希望能有人倾听他们的内心，和他们感同身受，了解他们种种表面现象下的真正原因。

青少年对于情感的理解常常极为纯粹，在很多孩子看来，能够耐下心来倾听他们成长故事的心理咨询师是极为可爱又值得依恋的。原因当然是显而易见的，因为心理咨询师更关注他们的情感需要，理解他们的情感困扰，能够不藏不掖不回避地坦诚沟通，并能充分保守他们的秘密，更能站在平等的人际交往位置上为他们提供一些行之有效的方法和建议，这一点与"简单粗暴""目的性过强"的家庭成员相比，对处于学业压力过大、情绪波动剧烈的青少年来说实在难能可贵。

在很多次的心理咨询过程中，我都曾遇到这样的问题，当我成功取得了孩子们的信任，孩子们也真切地喜欢、依恋上我，愿意对我讲述故事，也愿意听取我的一些建议进行适度自我调整和改变，心理状况和日常表现开始慢慢转好时，其父母或其他家庭成员是非常感激我的。可当孩子们的喜欢与依恋逐步加深，信任也慢慢趋于峰值水平时，和他们一起来访的家人却出现了看似莫名其妙的"敌对"现象。比如，他们会在后续某一次心理咨询过程中突然说"咨询无用"，并在未来的回访中不再那么配合。

我必须要说的是，这并不是单一案例中的极稀有现象，事实上，它的发生概率并不算低，只是程度不同。我能够理解这些家庭成员的"敌对"现象，从某种程度上说，这实则是他们潜意识中的"恐惧"因子在作祟。

成年人的情感与情绪表达往往更偏含蓄，即便是在面对血脉相连的亲子关系时也同样如此。在心理咨询过程中，他们目睹了孩子整体状况的转好，即便表面上无波无澜，内心实则早已风起云涌。可与此同时，他们又自然而然会产生一系列的疑问和担心：孩子为什么一句话都不愿意跟我说，却愿意跟一个刚认识没多久的外人沟通？孩子如果把咨询师当作了倾听的对象，以后会不会越来越讨厌我，认为我什么都不理解他？咨询师会不会刻意拉长治疗时长来获得更高的收益？孩子早晚要独立生活工作，会不会因为过度依赖咨询师而无法学会情感自立……

在这一系列的疑问和担心中，有的合理，有的不合理，但这都是正常的。而总结所有的疑问，我发现了其中最为有趣的共性现象——家长害怕别人抢走自己的孩子。当家长有这样想法的时候，对咨询而言是一把双刃剑——家长因害怕被孩子抛弃而变成了更好的父母，也有一类家长会因此而不让孩子持续咨询，造成咨询的中断。

和其他类型的"爱"类似，亲子之间的爱同样包含"占有"的成分，我认为这是一项非常有趣的课题。大多数的家长会把孩子视为自己生命的延续，也是梦想的延续，因而很多家长在面临幻想中的"亲子争夺危机"时会打起十二分的精神，放到心理咨询过程中，就会出现在自觉"失宠"的时候恼怒地对咨询师说"孩子没有变化"。

我习惯性称这一现象为"竞争"或"争宠"，简单说来就是由家庭成员之间的不稳定因素而催生的风险因子，很多时候，也是导致心理咨询最终走向失败的重要原因。

当然，还是会有另外一些家长，在面对"失宠"情况时会选择另外一种更为理性的解决方式，那就是在他们发现孩子更信任咨询师、与咨询师的关系更为亲近时，会努力去反省自身，努力去改变过去令孩子产生负面情绪的言行，从而变得更加善解人意以从咨询师手中争夺回孩子的爱。这实则也是另外一种"争宠"。但我认为这是一种相对健康，也相对理性的正面方式，亲子双方经过了这一系列的变化，很有可能会各自找到导致不良心理状况的症结所在，从而达成"相互监督""共同治愈"的完美结局。

我即将要说的这一案例，虽然未必是最完美的结局，但从某种程度上说，已经非常接近这种正面"争宠"现象。

一

最初找到我的，其实不是孩子的家长，而是孩子的班主任老师。陆老师是某重点私立中学一个班的班主任，我和她并不熟。我在她所在的学校的家长课堂讲"青春期性教育"时与她结识，她当时加了我的微信，偶尔推荐一些孩子过来咨询，当天加我微信的家长和老师特别多，陆老师我不太对得上号，但在后期的工作接触中感受到她是一个非常有责任心的老师。那时恰逢她的另一个学生刚结束咨询，我告知她"孩子的情绪和父母的教育工作任务已完成"，她很开心地回复："非常感谢，学习的问题交给我。"我每次都能够从和陆老师的配合中感受到陆老师强烈的责任心，以及又帮助到一个孩子的喜悦。

这一天，我又收到了陆老师的微信。据她描述，班上有个孩子可能存在心理问题，原因是这个孩子总跟同学发生冲突，而且一上课就睡觉，已经睡了一个星期了。孩子很小的时候父母离异，跟随妈妈生活。妈妈是国企高管，但妈妈每次都是表面配合，行为从来不配合。最后陆老师说："如果家庭实在不配合我也完全可以不管这个孩子，就让孩子把这个学期睡过去。但又想到孩子是无辜的，我能救一个是一个，所以只有再帮这个孩子抓根救命稻草，看看你们专业的心理咨询师能把妈妈搞定不。"

随后，陆老师把我的微信推给了关关的妈妈。关关妈妈很快加了我，并预约我本周周末的时间。我随即把我的个人简介和收费方式发了过去，并告知本周六上午9点有个固定的孩子临时请假，刚好可以插这个空。

我在回复完关关妈妈后就去继续忙其他工作了，等到空闲下来想要再联系她时，却发现她并没有回复我。成年人的工作时间常常不由自主，我想她在忙，空闲下来就会回复，这再正常不过。

可是又等了一段时间，她仍然没有回复我。我周末的咨询预约时间都很紧俏，其间不断有人预约，为做最后确定，当天下午我又主动给她发了一条微信，询问她周六上午9点是否过来，并告知如果孩子暂时不愿意过来还是尊重孩子的想法，她很快就回复说孩子并不排斥。这个回复有些模棱两可，我仍然不能确定她们究竟来不来，我再一次询问她周六是否过来，这一次，她很快回复"是的"，我又再次告知，如果确定了来访时间，我需要先收取咨询费用。

咨询师手记：

先收费后咨询是心理咨询的行业设置。付费说明来访者愿意为自己的问题做出努力，付出价值。当他们走进咨询室的那一刻，就是带着目的来的，即解决问题，而不是去试探考察咨询师，或者观察咨询师是否满足他对咨询师的幻想。先付费会让来访者的心态和投入程度不同，付出了金钱，会驱使你的来访者全力以赴。其次，心理咨询是否有效，咨访关系是很重要的一个因素，来访者对咨询师的信任，即咨询过程中咨询师给予来访者现实中难以找到的理解、宽容和爱。如果来访者刚刚从咨询师这里获得了理解和支持，出门就要掏钱，会破坏来访者对咨询的感受，并影响治疗效果。

有一些新手心理咨询师，因不好意思向来访者提出先付费而把自己放在了被动的位置，这个时候你需要去思考自己是否有过低的自我评价。其实我们的职业成长是花费了巨额的金钱、精力和努力的，付费也是对我们劳动的回报，如果这一关过不了，我强烈建议咨询师去做个人体验。

我也曾见过极少的动力取向的咨询师是先咨询后收费，我个人在接受拉康流派个人分析的时候也是先分析再付费。但就我自己的感受和具体情况而言，先付费后咨询会让自己更舒服，咨询师需要在一个舒服的状态下工作，而对来访者来说，先付费后咨询的设置更利于咨询师观察来访者对规则的反应（付费和对咨询时间的遵守），咨询效果会更好。

心理咨询遵循先收费后咨询的原则，这一点是行业准则，也是因为每一次咨询只能服务一个人或一个家庭，咨询师的特定时间一旦被预约，时间无法另行分配，如果没有缴纳费用，来访者很有可能并不重视而随意更改时间或放弃咨询，所以我们都是以先收取咨询费的方式来确认咨询时间。关于提前收取咨询费用一事我都会提前告知，对关关的妈妈自然也不例外。其他来访者只要在约定时间确定到达，都会在第一时间把费用提前打给我。我先后两次提醒关关的妈妈需要先行缴费后，她又在微信里询问如何缴纳。

我在看到这一回复后自然而然地产生了兴趣，因为缴费方式我是提前告知过的，正常来说她能够在第一时间看到并了解。因为这一细节，我对关关的妈妈有了初步的判断：要么是忙碌到忽视了基本的社交礼貌；要么是粗心大意对关关的事情不够上心；再者，就是在使用某种她所惯有的方式，行为的背后一定有她的动机。

我在拉锯战的沟通中，再次复制了已经给过她的通知，关关的妈妈又消失许久不回复了。在此期间又有一些要预约周末时间的家长，这个时间要不要留给关关和她，我开始犹豫起来，如果不是考虑陆老师的因素，我提醒一次后不付费我就不会安排在日程中。

到了第二天，关关的妈妈似乎还没有缴费的意愿，于是我决定把时间留给其他人，同时在微信里告知她"周六已预约满，后面如有咨询意愿可再另外预约"，没想到她立刻转了账。值得注意的是，转账金额很有意思，直接拦腰斩了三分之一。

根据陆老师的描述，关关的妈妈是国企高管，她的经济状况必然不差，这当然不会是一种变相的"砍价"方式。按照我的理解，我认为她是在用这种不按规则办事的方式来达到"掌控他人"的目的。

随后，她问我周日是否还有时间，我说周日排满了，她又问我周日晚上呢，我说周日晚上我要休息，我把转账款退还给她并再次告知我的费用，说以后再约。

至此，我已经非常确定，她试图在尚未见面的时候就用这种特殊方式来占据主导位置，成为接下来的咨询关系中的"权威"。通常情况下，家长会在尚未开展咨询前存在一定的怀疑和顾虑，这是正常现象，可绝大多数家长会在咨询过程中观察咨询师的水平，而不会采用这种很独特又明显很得罪人的方式。从某种程度上说，这一场沟通拉锯战也在向我展示她的人格模式：自恋、控制，她通过模棱两可的沟通和不按规则缴纳费用达成对我时间和情绪的掌控。

冰冻三尺，非一日之寒。一个掌控欲极强的母亲，常常会在不自知的情况下导致家庭氛围不必要的紧张，使孩子长期生活在压迫环境中，并因此产生一系列的情绪以及心理问题。

对于关关的状况以及诱导原因，我至此有了初步的判断，但是在没有经过系统的咨询之前，我还只能是一种猜测。想起陆老师之前的担忧，我决定暂时不再与关关的妈妈联系。这也是我应对她"刁难"的技巧，给她铺垫"以其人之道还治其人之身"的感受，可以让这个妈妈将来和我建立关系后去讨论，作为治疗的素材，当然坏处就是她的自恋受挫，转而愤怒而不再和我联系。

两周后，她还是联系了我，并按照规定额度缴纳了咨询全款。这两周时间可能是她在和我打心理战的时间。关关的妈妈说孩子不想去上学，整天在家睡不醒。从嗜睡和之前攻击性的角度看，孩子可能有抑郁倾向。

二

我很快就见到了关关和她颇为奇特的妈妈。

走廊尽头，母女俩向我走来。妈妈大步流星走在前面，好似走路带风，笔挺昂扬的模样像极了一面开路的旗帜；关关跟在后面，似乎刻意和妈妈拉开距离，时不时还会冲着妈妈狠翻白眼，满满都是发泄的意味。能翻白眼、做脸色，看来抑郁还不算太严重。关关的眼神和我对视了一眼，她愣了一下后快速低下了头，隔绝掉眼中的情绪。

对此，我并没有刻意做出反应。"关关，你是选择换鞋还是穿鞋套，用你自己舒服的方式。"我的声音轻柔。这是我和关关第一次见面，一些细微的情节往往最能打通咨询师与孩子之间的信任桥梁。如果我过于殷勤，青春期的孩子会觉得我很假；如果我语气平淡，青春期的孩子认为咨询师没有情感。青春期的孩子就是这么"自以为是""不知好歹"。

请母女俩坐下后，关关的妈妈就开始了滔滔不绝的"演讲"。我貌似无意地看了一眼关关，她正好奇地打量我，我们的眼神碰撞的时候她吐了吐舌头，冲我不好意思地笑了笑。

关关不上学期间，妈妈带她去了医院，15岁的关关已经患上中度焦虑和抑郁，可就我刚才的观察，关关的状态并没有这么严重。我没有插话，继续听关关的妈妈说话。

这位母亲的表现和我此前对她的初步判断并没有太大出入。她说起医院的检查结果，又说到医生给关关开了药，但她出于"是药三分毒"的考虑不同意孩子吃药，试图通过非药物，比如心理咨询的方式来治疗孩子的心理问题。一般的家长说到这里就会有所停顿，把接下来的时间给到我，自己则会在一旁观察，暗自对我的水平做一次初步的判断。可是关关的妈妈似乎并没有停下的意思，她在简单地表达过自己的担忧、焦虑后直接说起了自己的情况。

从表明自己博士的身份，说自己因为工作忙碌原因对孩子疏于照顾，关关的爸爸不关心家庭，导致他们离婚，关关成为单亲家庭的孩子，如何如何可怜；再到她为了做一个称职的妈妈，在工作繁忙的情况下主动学习心理学，并考取了心理咨询师证，完全是按照心理学的方式在养育孩子，自认为非常理解孩子，正是因为懂心理学所以才不排斥带孩子过来；然后又告诉我她还认识某某某和某某某，她口中的两个"某某某"都是全国知名的心理学者。

我全程没有打断她，但一直都在观察她的表情和语言内容。在说到自己的博士身份，以及她认识哪位名人的时候，她的神情有肉眼可见的炫耀，让我感觉到自己"级别不够"；而说到关关的爸爸以及关关的情况时，她的表情则明显不屑，甚至有那么一瞬间，让身为旁观者的我认为她似乎羞于提及前夫和孩子。

反观一旁的关关，她初来乍到时和我对视一眼的好心情在妈妈的诉说中很快就消失了。我观察到关关又向旁边挪了挪，再次和妈妈拉开距离，身子也不再正坐，而是把头偏向扶手，这种间隔开距离和背对的动作显然就是一种疏远和对抗，妈妈一边说，关关在妈妈看不到脸的方向翻白眼，我坐在她对面观察得一清二楚。

当然，这一切，关关的妈妈并没有丝毫察觉。此刻，她已经讲到了自己对精神分析的见解，并明确表示之所以带关关过来，是对我有精神分析背景的肯定。我有点感慨，再次直观地体验到了有自恋人格模式的人在表达中的自以为是又毫不自知是多么可怜。至此，我对关关的妈妈有了新的猜想：她的人际关系不会太好，可基于她自身的学习能力和单位的身份，她又完全不把这种事情放在心上，因而更难与周围的人达成共情，很难去真心在意他人的社交感受，尤其是她的下级和孩子。

关关的表情已经近乎"生无可恋"，我终于决定要打断妈妈的"演讲"。

"听得出来我今天是遇到专家了，那你能分析一下孩子为什么会生病吗？"

"我觉得这是孩子暂时的状态，青春期嘛，激素乱窜，这段时间过去就好了，现在的孩子青春期都提前了，但是结束的时间都推迟了。"

"同样都是青春期，那别的孩子为什么没有出现这种程度的青春期反应呢？"我小心翼翼地避免使用"焦虑"和"抑郁"的词。

▼ 咨询师手记：

对于焦虑、抑郁不是太严重的青少年，我不主张贴标签，贴标签会造成负面心理暗示，从而强化症状，如果来访者说"我抑郁了"，我们可以这样回应："你最近不太能快乐起来"或者"最近你开心的时间比较少"。

"老师都是同样的教，那为什么有的孩子成绩好，有的孩子成绩差？这是人的个体差异嘛，比如我小时候都不怎么学，读到博士也轻轻松松，孩子爸爸也是高学历，所以关关的遗传智商是没问题的，你看她最近每天睡觉，就算不学，考试一样不算太差。"

这一点妈妈还真说对了，陆老师说孩子初一考进学校的时候是个尖子生，现在每天上课睡觉也能考个中等，但是最近的数学只能考50多分，也就是说孩子的成绩在不断下滑。

"我听陆老师说孩子成绩一直在下滑，难道你不担心吗？"

"关于学习，我的观点可能和其他家长不一样。学习决定一切的时代早就过去了，你看马云数学考1分，也不是哪个名牌大学毕业的，这不影响他的成就；李嘉诚连大学都没上过，但不影响他是亚洲首富；至于王健林，你听说他是哪个大学毕业的吗？"

我想起陆老师之前说的"妈妈懂很多道理，你永远说不过她"，突然就有点可怜陆老师，也特别可怜正不断翻白眼的关关。我不免对关关家中曾经的场景有了一些基本的设想。在面对任何问题时，妈妈第一反应就是讲道理，讲非常有道理的道理，妈妈通过发表不同于常人的观点来证明她是正确的，是与众不同的。

网络上曾经很流行一句话，叫"家是讲爱的地方，而不是讲理的地方"，从大局观上看，我非常赞同这一句话。父母的关系如何，常常会直接影响到孩子的性格养成，如果家庭氛围长期处于高压状态，孩子更有可能变得阴郁、不合群，甚至激发暴力因子，这其实更偏向于一种自我保护机制。当孩子严重缺乏安全感的时候，就会变得越发敏感，也更容易忧心于自己会被伤害。生存的本能往往会在这种时候显现出来，即伤害自己之前，孩子很有可能会选择率先伤害别人。

我有些无奈，可还是迅速调整情绪，继续问她："我觉得你对教育有自己很确定的价值观，如果你对这样的价值观深表认同，那为什么不选择让孩子自学，或者是由你来教呢？"

"你别说，我还真这么想过，现在这些老师三天两头找家长！不好意思哈，我不是说陆老师，我是说这是社会上的一种普遍现象，不过我也知道心理咨询师是有自己的职业操守的，我们私底下说说你也不会跟陆老师讲对吧？这些老师把困难都丢给了家长，其实老师也应该反思一下孩子为什么上课要睡觉，你的课堂设计得好吗？你讲的内容是学生爱听的吗？你讲的内容是不是有时代性？人类的今天进入互联网时代，可我们的教材还是原来的知识。郑老师你知道吗，这种部编版的教材要照顾到偏远山区的孩子，最后教材的难度取的是一线城市和偏远山区的平均值，我们大城市里的孩子是'吃'不饱的，你让这些孩子哪有兴趣嘛！

"再加上学生和学生本来就有个体差异，为什么学校不能因材施教呢？这就是现行教育的弊端！还有这些老师也太焦虑了，担心孩子成绩下降影响他们的绩效，当然我也理解，是上面在压这些老师，但是教育怎么能着急呢？功利的教育就会滋生功利的老师和功利的家长，培养出来的只能是功利的孩子！这批00后的孩子迟早会成为我国人才领域的中坚力量，但是现在就给他们功利的教育，将来还有谁愿意牺牲奉献，拿什么精神来建设我们的国家？"

妈妈气势磅礴地一气呵成，如果不是之前了解过她，我简直要为她的精彩言论热血沸腾。

我看向关关，看到她又一次冲着妈妈翻过白眼后长长地叹出一口气，像是在努力压抑自身情绪。我认为这是一个好的信号，眼前这个孩子并不是完全无法控制情绪，她也并没有选择"破罐子破摔"，而是还在尝试"自我救赎"。

我看向妈妈："那你认为教育应该怎么改革呢？"

她淡淡一笑："我又不是教育部的部长，我说了也不算！我认为就是应该因材施教，进行分层走班，智力水平高的孩子去好的班，智力暂时跟不上的就去普通班，这样才不泯灭孩子对学习的兴趣。"

"听起来妈妈对教育还真的很专业，那你希望我们的咨询目标是什么呢？"

"我希望改善孩子目前的状态，至少上课别睡了，老师也少找我麻烦。"

"那你怎么看医院的结论呢？"

"我不认可医生的诊断，这非常不好，给孩子贴了一个负面标签，也给了孩子一个强烈的心理暗示。她本来是没什么事的，标签一贴，她就有正当睡觉的理由了。"

在此之前，关关的妈妈用了很长的篇幅来描述和证明自己对心理学的专业性，可我不能说她就是内行，因为她的认知仅仅是认知，而没有成为她的行为，所以她对心理学的认知和大多数人一样流于表面。

抑郁的发病以及发展机制是一个完整而复杂的过程，一句"她就有正当理由睡觉了"，无疑再一次在心理层面上给她自己和孩子之间设置了一道鸿沟。我相信这一阶段的关关本身已经非常痛苦了，可明明应该是最理解她的妈妈却认定她是在装病，这对孩子来说无疑是更为沉重的打击。我看向关关，果然，她的脸色迅速阴郁下去，眼泪也止不住地落了下来，可即便如此，她还是努力忍着不出声，像是在维护自己宝贵的尊严。

"我的孩子现在处于人生的至暗时刻，老师已经很急了，但我知道我不能急，只有我稳住阵脚不慌乱，才能陪伴我的孩子度过人生中最艰难的时刻，我也坚信我的孩子能走出人生的低谷。"

妈妈在说出这一段话的时候，眼神无比坚毅和刚强，双眼也快速湿润了起来。如果不是听了她前面的那些"自述"，我或许真的会为她的这段话而感动，可是因为有了之前的经验，我不仅感动不起来，还对知行不能合一的她产生和关关一样的感受：翻白眼。

原本还在流泪的关关在此时用力皱了皱眉，快速抹了一把泪，控制着颤抖的声线，带着极其厌恶的目光看着妈妈说："你出去吧，你在这里我不想说话。"

"好的好的，那我出去，你有什么想法尽管跟老师说，妈妈不会问你跟老师说了什么，我在外面等你。"

刚关上门，门铃又响了，她把头探进来，努力扬起温和慈祥的笑脸问关关："一会儿中午想吃什么，妈妈带你去。"妈妈像是一个演员。

"随你便。"关关没有看人，五官都快纠缠到了一起，胸膛也开始快速起伏，明显动了气。

"这儿附近有个大商场，要不妈妈看看商场里有没有好吃的，对了，你一会儿要多喝点水。"

"你还有完没完啊，快走吧。"关关这次的声音明显大了许多。

三

门外再没有了任何动静，我没有立即说话，而是给了关关一段心理缓冲的时间，等到确定她的情绪平复了，这才开口。

"你不喜欢妈妈对吧？"

"我很讨厌她，她太假了！"

"哦，假是什么意思？"

"你没发现她很会表演吗？所有人都以为她是个很好很称职的妈妈，其实根本不是。"

"哦，你说的所有人是谁啊？"

"我们家的亲戚啊，还有她的同事，她总是吹嘘自己的那套多么正确的育儿方式，在我看来就是一个笑话，我爸和我都很讨厌她。"

"那真实的妈妈是什么样的呢？"

"她虚伪、自私，根本不配妈妈这个称谓。我爸爸也说她

170

好假，她永远都在讲自以为非常正确的道理，也许是她的逻辑能力太强，你根本反驳不了。"

"嗯，我刚才已经领教了，连你爸爸都反驳不了吗？"

"这个世界上任何人都反驳不了她，我听爸爸说她单位的同事都不喜欢她，但是她总在我们面前吹嘘自己多么受人尊敬和爱戴。"

在这里我得到了一点信息，也印证了我之前对关关的妈妈人际交往方面的猜想。她的人格模式决定了她的思想与行为方式，她很难去与周围的人产生共情，她对"自己永远正确"的固化认知会在她身边形成一种高压的场域，让靠近她的人感觉到一种"说得很对但好像又不对"和居高临下带来的压抑。

"那你能告诉我，我能帮你些什么吗？"

"你什么都帮不了我，因为谁也不可能改变她。"

"没有试过，你怎么知道呢？"

"她其实有自己的心理咨询师。"

我有一瞬间的惊异，因为这是我根本没有想到的，也许关关的妈妈并非那么无药可救，也许她已经意识到了自己的问题，并在试图改变。

关关又一次长长地叹气，扁了扁嘴，颇有些无力地看着我。

"她去了几次，回来就贬低她的咨询师，她觉得自己才是专家，一个狂妄自大的人怎么可能改变！"

"那我很好奇，既然你觉得改变不了她，为什么今天你会到我这里来呢？"

"因为你是陆老师推荐的，陆老师对我很好，我来是不想让陆老师失望。"

还能感觉到旁人对她真诚的关心，说明这个孩子还没有走向非理性感知的境地，也并没有奋力竖起自己身上的"刺"宣告生人勿靠近，在她的内心深处，仍然存在着柔软可触碰的地方，这就是治愈的希望所在。

"你看，虽然妈妈没有大的改变，但是这个世界上还是有很多关心你的人，比如陆老师，我想除了陆老师一定还有其他很关心你的人，你能告诉我都有哪些人吗？"

"我爸爸呀，还有我爷爷和奶奶，我的物理老师也喜欢我。"

"哦，这么多人关心你呀？你比好多孩子强多了，那你有好朋友吗？"

"我上小学时有个好朋友，后来上了初中，我们没在一个学校，但是还会经常联系。"

▼ 咨询师手记：

这种提问方式来源于后现代流派，帮助来访者找到其他资源。我个人比较青睐后现代流派的资源取向，我常把这种流派的技术用在儿童和青少年的来访者以及他们的家庭中。

"除了学习，你还有别的兴趣爱好吗？"

"我喜欢做生意。"我注意到，关关在说这句话时，眼睛中散发着自信的光彩，也笑得非常开心。兴趣爱好往往是一个人希望的寄托，在此之前，每当遇到青少年存在抑郁表现时，我都会建议他们去培养一种兴趣爱好，这对于纠正心理问题、消除负面因子有非常正面有效的作用。

"哦，你这么小就会做生意？"

"是啊，我很小的时候就把从淘宝买来的偶像周边卖给我的同学，最近有同学喜欢羽生结弦，我就从淘宝买了羽生结弦头像的饭卡套再加5块钱卖给同学。还有一些比较特别的东西，比如夏天到了，我在海淘买一种德国的防蚊水，他们在淘宝找不到，我加个10块卖给同学。你别跟陆老师说啊，我都赚了快100块钱了！"

我的注意力停留在关关的前半段话上。羽生结弦，我知道这是一位很具体育精神的冰上运动员，很多年轻人会喜欢他，都是因为他不屈不挠、努力拼搏的精神在鼓舞、激励着他们。

我确信自己等到了更易于打开关关心理防线的点，于是我笑着问："羽生结弦？是那个冰上运动员吧？我记得之前的央视解说人还给了他很高的评价，说他容颜如玉、身姿如松、翩若惊鸿、宛若游龙？"

关关似乎整个人都热血沸腾起来，瞪大了眼睛，不可思议地望着我说："对对对！你居然知道？还有后半句呢！'命运对勇士低语说，你无法抵御风暴。勇士低声回应，我就是风暴！'是不是特别酷，特别燃？"

看着关关激动和开心的样子，我暗暗松了一口气，我的确成功打开了她的心理防线。可与此同时，也更加深了我对关关和她妈妈之间亲子关系的真实判断。这一对母女已经严重缺乏沟通，我猜想关关曾经想过把自己"剖析"给妈妈看，可气场过于强大的妈妈并没有给她机会，甚至有一种可能，等待她的又是一场大道理的洗礼。

关关明显开心了许多，我们说到了她以后想要发展的方向。

"我上网搜过最厉害的商业学校。"

"哦，我都不知道呢，你能给我普及一下吗？"

"美国的最牛，其次是英国，我们国内的同国外相比还有一定的差距。哦对了，我国香港的也不错。"

"那你高中可以选择上国际学校啊。"

"这些都是过去的想法，现在我不想了。"她的眼神暗淡了下来

"为什么呀？"

"我妈说国外文凭以后国内不认。"

换了其他家长这么看我尚能理解，因为今天的家长本来就功利，但是就关关妈妈之前的一大套非功利主义的理论和"国外文凭国内不认"的功利理论又很冲突，究竟哪个才是真正的妈妈？

▼ 佳雯解析：

今天的孩子总体处于单调乏味的学习中，孩子很难去思考学习的意义是什么。父母常说："考一个好的大学就能获得一份好的工作，有好的工作就有好的收入，就能买房买车，过人上人的生活。"但是00后们不像上一代人有那么强烈的物质需要，他们根本就不想成为人上人。

如果他们找不到学习真正的意义，不知道什么时候，他们将对学习丧失兴趣。父母们在孩子的小学和中学阶段要去陪伴孩子探索自己的兴趣爱好，一个人只有在兴趣和爱好中才能获

得意义。

"我生病了，每天上课总是要打瞌睡，我的主观意愿是要好好听课，但就是不知道为什么整天睡不醒。""嗜睡困倦"是与抑郁直接相关的身体表现，抑郁症状得不到改善，"睡不醒"的症状同样无法得到改善。

与此同时，关关存在自杀风险。她曾有三次自残的行为，最近的一次就是在两周前，原因是妈妈在精神科医生面前自以为是地评价了她的病情，不仅说得轻描淡写，而且那些猜测根本不属实，当天回到家关关就忍不住用美工刀划伤了自己。我的眼前又一次闪过了关关妈妈此前的表现，我猜想她在精神科医生那里的表现与在我这里如出一辙。

我若有所思地叹了一口气，既是引出下面的话题，也是给了关关一个"共情"信号，我问："你愿意跟我更多聊聊你的妈妈吗？"

关关皱眉，沉默了很久，先是摇了摇头，又点了点头，回答："所有的人刚开始接触我妈妈的时候，都认为她是一个综合素养很高的人，她表面对别人尊重甚至奉承，所以一开始别人都很喜欢她，但这是她在伪装。其实她背地里会诋毁所有人，觉得这个人不行那个人不行，只有她自己牛。"

"你在她眼里是什么样的呢？"

"她常说'有时候我都不相信你是我生的，各方面都不如当年的我'，我从小到大做所有的事都被她否认。她经常告诉我'正确做事'的方法，她也常常用教育我的方式对待爸爸，我觉得爸爸离开她是对的，但是爸爸没把我带走是错的。"

"你为什么没有跟你爸爸一起生活呢？"

"他们离婚的时候我很小，听爸爸说当时他也很想要我，但是我妈不给，说他太懒带不好孩子。我现在还是很想跟我爸爸，我想找律师了解一下我长到几岁可以决定由谁来做我的监护人。"

"妈妈工作很忙，小时候谁照顾你呢？"

"他们刚离婚的时候，我外婆从老家来带了我一段时间，后来外婆和我妈老吵架，我外婆也是一个很强势的人，她们谁也不让谁，最后外婆就回去了。我三年级就可以自己做饭，小学的时候学习根本不让我妈操心，我很自律，这一点跟我妈还是比较像。小学的时候可能是一直被她管得很严，比如她把家里的每个房间都装了摄像头，美其名曰担心坏人，实际上是用来监视我的，所以我也不知道我的自律究竟是一直被盯着显得自律，还是我自己真的自律，我分不出来，甚至觉得如果有一天没人监视我了，我一定会特别放肆。"

"我也听陆老师说你小学很优秀，否则也不可能考到现在的学校，那后来发生了什么呢？"

"我也不知道发生了什么，反正初一就开始觉得挺想睡觉，但是初一成绩也还可以，我现在回忆一下，初一应该是在吃小学的老本，但是到了初二我就有点吃不消了，学习完全跟不上。"

"你的意思是学习是你很大的压力源？这和你现在的症状有关吗？"

"肯定还是有关的，但是我又觉得好像也不是必然的关联，有时候我不睡觉上课听了那么一会儿，我考试就会考得很好。"

"我很好奇，是什么导致了你的变化。"

"应该是抑郁症导致的，我上网查过，我就是典型的抑郁症状。我在初一第一次割自己的时候就跟我妈说了，让她帮我找一个心理医生，我妈直接甩我一句'我就是心理医生，如果你都需要看心理医生，你们全班都要看心理医生'。我觉得我完全得不到理解就更想割自己，我不断地忍，忍，成为我面对世界的常态。"

"小学的时候你的学习成绩很好，妈妈除了对你监督严格外还有什么令你不太舒服的感受吗？"

"她总是习惯性贬低我，不仅贬低我，她看不起除她自己之外的所有人，包括我爸还有她自己的领导，她总说她的领导没水平，我有时候会怼她，'那你怎么就当不了人家的领导呢'，她就会特别生气，我看到她生气我就很解恨。

"我还有一个姨妈，是我妈的亲姐姐，但她没读过大学，我妈也看不起她，亲姐妹都很少往来。我姨妈偶尔来成都很怕打扰到我们，但每次我们回老家，我姨妈又会大包小包给我们带很多东西，我就更讨厌我妈的势利眼。对了，我姨妈家还有个哥哥，在老家上高中，小时候我们很好，现在长大反而生疏了，唉！"关关叹了一口气。

我注意到提起哥哥的时候，关关的表情有些不自然。

"其实不是生疏了，而是因为你到了青春期，开始有性别意识了，你就有点不好意思和哥哥那么亲密了。"

"老师，我觉得你说得很对，跟你说个小秘密，我其实喜欢我表哥，不是那种普通的喜欢，是那种喜欢！哎，你懂的，

177

但我知道这不可以，我谁也不敢说。"

"你喜欢谁都是正常的，因为你到了情窦初开的年龄，自然而然就会去关注异性，或者想得到异性的关注，加上表哥对你很好，你就情不自禁喜欢他了。其实随着你的成长，你身边的异性还会更多，有喜欢你的，也有你喜欢的，甚至还有今天喜欢你明天喜欢别人的，或者遇到别人喜欢你但你喜欢另外一个人，这些都是青春期的正常心理变化，不用太当回事。"

关关的眼眶很快就红了，她一脸感动地看着我感慨地说："老师，你真理解人，你的孩子一定很幸福，老师你是女儿还是儿子啊？"关关突然问我。

"跟你一样呢。"

"哦，她多大了？"

"你猜猜呢？"

"应该和我差不多吧？"

我笑着点点头，又说："在她的眼中我也不一定是个合格的妈妈。对了，当妈妈贬低你的时候你是怎么应对的呢？"

"我忍啊，我能怎么办？有时候我把拳头捏得紧紧的，我很想把我妈揍一顿，但是又不能，我就这么忍成了中度抑郁。"

对于很多孩子而言，不够理解自己的家长本身就是个非常巨大的刺激源，而在应对这种刺激时，孩子选择应对的方式往往会直接或间接地导致他（她）心理状况的改变。关关的情况并没有她想象当中那么严重，因为只要在激发下语言和情感的表达都没有问题，自我控制能力也够强。

我把自己的判断说给关关听，关关的眼睛立马瞪得大大的，浑身上下都像是在闪烁着希望的光彩。之后，我又向关关解释了她上课"打瞌睡"和自残的原因，也告知了她坚持咨询，有自残想法的时候可以随时联系我，同时告诉她我会单独约她的妈妈，尽量帮助她搞定妈妈。

咨询结束后我本想和妈妈再交代几句，可妈妈不在门外，我打通了她的电话，她让我就在电话里说，当时关关还在咨询室未离开，我想了想还是决定给妈妈发微信："孩子有自杀风险，请做好24小时人身安全监控，建议遵医嘱服药，持续接受心理咨询。"

四

关关的妈妈是在第二周的时候才又联系到我的，我没有问她上一次为什么没有回复我的微信。我相信无论她自身存在着怎样的问题，在面对孩子可能出现的人身风险时，都绝不可能做到无动于衷，我仍然相信身为母亲，她是非常爱自己孩子的，只是出于自己成长经历的原因，她难以改变自己的行为习惯。

没错，其实在准备与她见面的时候，我就已经确定好了这一次咨询首先要解决的问题是什么。我相信完整的心理咨询过程一定是要由果及因的，想要从根源上解决她与关关之间的问题，以解决关关厌学、暴力的问题，最应该解决的，其实就是妈妈自己的问题。

我刻意忽视掉她从进门起就在喋喋不休讲述的和咨询毫不相干的重大项目，我没有按照她所期待的恭维她哪怕一句，而是直奔主题，开门见山地问到她的家庭关系。

她愣了一下，眼泪随即就落了下来，我无法确定这是因为长久的委屈，还是因为她的表演型人格所致。

"我非常不容易……关关3岁的时候，我就和她爸爸离婚了，我自己带了她10年，很不容易。"

"能问一下，你们为什么离婚吗？"

"他不上进！"她斩钉截铁地回答，流露出的神情没有遗憾，只有厌恶。

"他是硕士，学历没我高，当时和他结婚的时候我其实还是有点介意的。后来果不其然，他一点都不上进，我是一个一直保持学习激情的人，而他除了干好本职工作，对自己的事业和职务的提升就没啥想法了。男人应该是家里的顶梁柱，应该不断积极争取进步，这既是自己人生价值的体现，又能给孩子树立良好的榜样。"

"你的意思是他没有给孩子树立良好的榜样？"

"他也爱看书，专业上还是很突出，但是他没有把所有的时间用来学习，有时候还和大学同学约着踢球，我就一个人在家带孩子。我不是不同意他踢球，但能不能不要每周都去，踢球会提升你的社会地位吗？从结婚到离婚我一直跟他说要考个博士，他就是不听，他说他不想学了，唉，真让人失望。"

"他跟你生活在一起可能会很累。"

"他是这么说的，我也承认。"

"我觉得不止他，你身边的人可能都会有这种又累又挫败的感觉，包括你的孩子。"

我注意到她的脸上闪过一丝痛苦，但很快就消失不见了，转而变成了更似纠结的神情。

"你说得没错，我怎么会不知道自己的问题呢？我其实做过一段时间的心理咨询，我的心理咨询师说我是自恋型人格，我上网搜了一下，还真的很符合！但是你知道吗？自恋人格在事业上一般都很成功，所以说不上好还是不好，后现代心理学不是说了吗，把问题当成资源。"她又秀了一把自己的心理学知识，努力给自己找理由，她并非一定是想为自己开脱，而是不想让自己痛苦。

　　"你似乎总有很多可以说服他人的理由，以便让自己处于不败之地。你究竟想赢了谁？扳倒谁？"

　　"你问了一个好问题，我的前任咨询师也怎么问过我，这个问题我其实是知道的。我有个姐姐，在我姐姐后面其实还有个哥哥，但我没见过，听说我哥哥在很小的时候去河里游泳溺水身亡，这让身处农村的父母非常悲伤，他们就想再生个儿子，但我是个女儿，这让他们非常失望，他们的失望到今天都是写在脸上的。我姐姐又勤劳又孝顺，还能帮忙下地干活儿，而我只是我哥的替代品，就算我是个博士，我还是替代不了。我打小做不了农活儿，就一直被父母嫌弃，他们认为读书是没有用的，不如家里多个劳力，但我偏偏就要读给他们看，所以是命运把我推向了奋力读书这条路。虽然我读到了博士，经济条件也很好，但是在父母心里还是和我姐亲，他们更心疼我姐，我从来没有得到过我父母的爱，虽然我现在也不稀罕。你说要扳倒谁，我姐，我哥，还是我父母？我也不知道。"

　　眼前的这个女人，从小为了引起父母的关注，她几乎燃烧了自己所有的能量，这无疑是一种对缺乏情感的过度补偿，可结果却不尽如人意，她并没有得到自己应得的关心和爱。于是在未来的人生中，她会不由自主地对外界进行歪曲的**心理投射**，直到把外界终于变成自己内心的样子。

〈心理术语〉：**心理投射**

心理投射指个人将自己的思想、态度、愿望、情绪、性格等个性特征，不自觉地反应于外界事物或者他人的一种心理作用，也就是个人的人格结构对感知、组织以及解释环境的方式发生影响的过程。

"所以你把这种和姐姐哥哥高度的竞争感不自觉带给了你的老公和孩子，甚至你周围的同事。"

"你说得没错，我有个朋友曾经跟我说过，她说做我的朋友很需要勇气，因为我太优秀了，我优秀我也要求别人优秀，不优秀就做不了我的朋友。"

"如果不优秀会怎么样？"

"不优秀就会被这个世界抛弃。"

"就像你父母抛弃了你？"

"哼！"她冷笑一声，"我再优秀他们也没想过对我好，这早就不重要了。"

我不自觉地张了张嘴，却没有立即说话，我必须要承认的是，此时此刻，我有一点同情她。我快速整理好情绪，继续说下去：

"你有没有想过，你的父母从来没有认可你的优秀，你今天其实也在用相同的方式对待你的孩子，因为你也没有觉得她优秀。"

关关妈妈愣住了，但立刻反驳道："你别乱说，我深信她很优秀，老师都要放弃她了我都没有放弃她。"

"你是如何深信她优秀的？"

"我在心底相信！每次老师要和我交流我都觉得没啥好交流的，孩子早晚会好起来的。"

"这种不和老师的交流有没有可能来自你的傲慢？就像你给我的感觉总是高高在上。"

"是吗？"她尴尬地笑笑，"我怎么会高高在上呢？郑老师，这是不是你的自卑导致的敏感啊？不好意思啊，你是搞心理学专业的，所以我就说得比较直接。"

她想要和我竞争的模式又出来了，这一点我早有领教。

"关关妈妈，每次和你沟通我都有一种感觉，我感觉你很爱讲道理，讲得似乎也很有道理，但是到最后我总会有一种不那么舒服的感觉，有没有人跟你反馈过，你说话有时候很呛人？"

▼ **咨询师手记：**

建立好了咨访关系后，我们要把对来访者的反移情适度反馈给她，让来访者觉察到他人对自己的感受，促进来访者领悟。

"是吗？可能是吧，我妈和孩子爸爸都说过。不过，我就是要呛我妈，只要她生气我就高兴！"我想起关关之前跟我说的："看到她生气我就很解恨。"家庭模式的代际传递果然力量强大。

这里可以做一个时空联系。咨询师要记住每一次咨询中的重要素材，如果来访次数太多，建议做好咨询笔记，这些素材等咨询进行到一定程度，可以前后对应，作为和来访者面质的证据。

我没有评价，只是安静地看着她。果真她是个聪明人，很快就反应了过来。

"看来这是真的？嗯，那我是该好好反思一下。"

这是我第一次看到她说要反思，我也不清楚她是为了应付我还是真的有所领悟。

"你的问题就在于你不知道你'武艺高超'，可以随心所欲控制他人的情绪。你的孩子也有类似的感受，但是她已经到青春期了，她不能再接受你随心所欲的贬低。一个被贬低的女孩儿将来自我价值感会很低，哪个男生稍微给点温情她就会投怀送抱，因为家里没有理解她的人，她就会向外去要。"这一段话是我故意为之，一个希望孩子完美的妈妈，势必无法容忍孩子轻而易举地选择。

她果然急了："那可不行！"

"那就由不得你了，你总不可能24小时盯着她。一个在家里得不到温情的孩子就容易被外界的温情所迷惑，哪怕这种温情是一种假象。"

"郑老师，我不同意你说的，我对孩子是有温情的，你怎么能否认我对孩子的关心呢？如果我对孩子没有情感，我也不会这么深度地去学心理学。"

"抱歉，我用词不当。"我言不由衷地道歉。她在关关的身上投射了太多的自我，她口中的很多"努力"，其实只是她一个人的自我感动或者自嗨。

"温情不是我们自己认为有就有，而是要问孩子的感受，有时候我们认为的温情在孩子看来可能是一种假象，孩子内心真实的感受才是评判温情与否的标准。

"关关的抑郁首先来自被高度压抑的情绪，如果家庭不能给孩子提供情绪宣泄的正常渠道，孩子就会通过症状的方式来自救，比如自残，比如抑郁，再比如暴力。所以如果你希望她的病早点好，你必须要迅速调整你们之间的沟通方式，从过去的管理、控制式的教育变成合作式的顾问，如果你的工作实在太忙，其实也可以考虑暂时把孩子交给爸爸，听孩子说爸爸的女友对她也挺和善的，不排斥孩子暂时跟他们。"

"这怎么可能，我再忙也不可能把孩子交给他！"妈妈赶紧摇头。孩子如果交给爸爸，妈妈就会感受到失控的恐慌。

"我个人是建议你继续在前任咨询师那儿继续咨询，孩子可以来我这里咨询，这样双管齐下对孩子更有利。"

对于我的建议，关关的妈妈并没有给出明确的回答。事实上，在那之后，她再也没有来我这里接受咨询，当然也并没有去找她的前任咨询师。我猜想她还没有做好"打开"自己心房的准备，对于一个青少年来说，去直面自己脆弱的内心尚且痛苦不堪，更何况是一个已经用"强大的自体"浇筑铠甲，保护了自己多年的成年人呢？

但令我感到欣喜的是，自那之后，关关一直坚持接受了咨询，这说明她的妈妈并没有强硬地阻止她，换句话说就是妈妈至少部分放弃了自己的"自以为是"。罗马并非一日建成的，这种局面无论是对关关来说，还是对她的妈妈来说都已经是一种极其正面的转变，我相信假以时日，她们的母女关系一定能够得到改善，从而真正治愈痛苦的这一对明明可以相爱、相互温暖，却偏偏各自"伤害"至遍体鳞伤的母女。

在之后的每一次反馈中，我和关关共同找到了她嗜睡、厌学以及和同学发生冲突的潜意识动机：关关控制不了妈妈，就用自己更糟糕的表现来控制妈妈的情绪，比如睡觉、捣蛋，甚至自残的方式和妈妈在争夺控制权的竞争中获得优势，以此达成青春期心理任务的完成。这种挣扎多么宝贵又多么悲壮。

这就是青春期孩子和父母的权利之争，即便孩子不赞同妈妈的一些做法，讨厌妈妈的"高高在上"，可她还是想用各种各样的方式，从妈妈坚硬的铠甲那里"争夺"到对自己想掌控自己人生的权利，从而也可以获得妈妈真心实意的关注和爱意，这和她的妈妈在发现她更加喜欢我、信任我、依赖我之后所做出的改变，从本质上说别无二致。这一对母女，其实都是在用各自的方式去争取对方的爱，哪怕带着丝丝痛意，如同带刺的玫瑰一般诱人却也脆弱。

至此，我想我终于算是完整地剖析过了这一对母女深藏难见的内心世界，我百分之百地相信了她们对彼此深厚的感情，即便在此之前，她们曾有过彼此嫌弃的瞬间，曾有过恶语相向、发誓一定要逃离对方世界。归根结底，她们是母女，是与对方血脉相连的人，是对方完整而立体的生命中不可割裂的一个平面。

大约20次咨询后，关关只需要两周来一次了，她很担心自己的病情好转后妈妈会变成原来的样子，也很担心好了以后很难再见到我。

那天，我接到陆老师的信息："关关这次数学考了90多，你把情绪的问题解决了，学习的问题可以交给我了。"

我想来想去，还是没有把这条信息转发给关关的妈妈。我相信，陆老师在背后做这一切的时候，从没有想过要从关关的妈妈那里得到任何的感谢和回报，这就是身为老师的原本的意义，和我身为咨询师的意义如出一辙。

窗外，寒冬已逝，春暖人间。我通过手机屏幕，看过自己难掩的笑意后，轻轻地闭上了眼睛。再睁开眼睛时，我拿起手机编辑信息，告诉她，两周一次的咨询要坚持。同往常一样，我依然没有收到任何回复，可我知道，这一次，关关妈妈的"沉默"意义非凡。

母爱演习

　　和很多已为人母的母亲一样，同为女性的我常常会思考当今社会中女性所扮演的角色。社会结构和家庭结构的双重影响下，女性需要扮演的角色以及需要承担的责任越来越多，人们对于我们的要求自然而然也会变多。善解人意的妻子、温柔善良的母亲、独当一面的专业人才，不同的标签赋予了我们不同的责任与义务，可出于生理原因以及情感纽带，从某种程度而言，在所有这些标签中，我们最需要尽全力达成的，仍然是"母亲"这一角色。

　　有一句话是这样总结的："女子本弱，为母则刚。"当一位女性的角色转变为母亲，她势必会尽己所能为自己的孩子做出一切努力，去创造一切可创造的条件，包括物质的，也包括精神世界的。

　　毋庸置疑，一个孩子的健康成长并不是格外容易的事情，人的一生中会遇到各式各样的状况，在不同阶段，对孩子而言，这些突发状况处理好了是成长，处理不好是创伤，甚至极度危险。也正是因为这样的原因，身为母亲常常需要未雨绸缪，发挥自己的想象力，去提早想到这些可能，并做出相应的准备。当然，我并不是在否认父亲们的作用，只是因为思维方式和个体敏感性的差异，多数情况下，母亲仍然会比父亲更易产生焦虑的情绪。

孩子们的思维方式常常是简单而直接的，在他们年纪尚幼时，对于亲人的保护以及"提早准备"，常常只会产生幸福和安全的感觉，可随着年龄的不断增长，尤其是进入青春期以后，孩子们的被动接受型思维方式会逐渐向独立思考型思维方式转变，这种情形会在青春期的中期趋于峰值。加之生理激素的影响，这就是为什么青春期的孩子们常常情绪波动明显、敏感多疑，时而妄自菲薄，时而妄自尊大，他们不断寻找自己：我是谁，我要成为一个什么样的人？他们逐渐从家庭中剥离，组合成新的"自我"，这也是为什么孩子在青春期阶段与父母形成"对抗"的原因。

不同青春期的孩子，都有一些格外相似的"症状"，比如易怒、敏感、怀疑自我乃至由于一系列的情绪积累后走向抑郁。而在所有这些案例中存在着共性的问题，那就是父母以及同伴的言行举止会在潜移默化间形成影响。

有些时候，父母其实是明白这一点的，但更多的时候，他们是并不知其所以然的，直到自己的孩子出现了较为严重的临床症状，他们才会想到去求助与改变。

这也是为什么，我会在十几年的心理咨询工作间经常抽时间去学校和企业进行心理知识讲座的原因所在，我真心希望能通过我的努力，让越来越多的家长了解到孩子的心理发展，了解到在孩子成长的特殊阶段中应该怎样更科学、有效地去照顾到孩子的感受，以便帮助孩子健康成长。

就像是接下来的"多多"案例一样，青春期阶段的很多孩子都会出现共性心理问题，我真心希望能通过这一案例的讲述，让更多的人有所得、有所悟，也能让还没有进入青春期孩子的家长未雨绸缪。

一

我第一次见到多多时，她16岁，就读于某国际高中高一年级。多多有一双大大的眼睛，鼻梁很高，皮肤有点黝黑，马尾很随意地扎在脑后，整个人看上去漂亮又健康。只是，她不太主动说话，眼神中透露着迷茫，明显对周围的环境感到紧张。我的视线落在她穿着的海魂衫上，顺着条纹长袖看向她手腕的位置，长袖很好地遮盖住了手腕上刚包扎过的伤口。她注意到我的视线，局促不安地把右手压在了左臂。

我立马移开视线，看向多多的妈妈。她的脸色有些白，满面愁容，眼眶有些微微泛红，显然是在后怕。我想起她此前已经告诉我的，这已经是多多第五次用刀片割伤自己了。但是，在这一次之前，妈妈对这一切并不知情。多多洗澡时一般只关门不锁门，但是前一晚洗澡很久都没有出来，妈妈拧不开浴室的门感觉很蹊跷。厨房有一扇小窗连接着浴室，妈妈绕到厨房，把小窗的百叶窗帘掀开后看到了令她惊悚的一幕，妈妈随即带她去医院进行了包扎。妈妈在此时扭过头，无声地叹了一口气，眼圈迅速湿润起来，同为母亲，我能感觉到她此刻有多害怕，又有多么自责，怪罪自己没有照顾好女儿。

我原本还想通过多多的妈妈了解一下他们家庭的更多情况，但是多多很快就明确表示想和我单独谈。虽然没有在第一时间得到完整的家庭信息，但和其他案例相比较，多多这一举动能算得上主动配合，从某种意义上说是好事，于是我简单安慰过她的妈妈，就让她暂时离开了咨询室。

"可以跟我说说你们家里的情况吗？"眼前的小姑娘像极了一个破碎的洋娃娃，我本不想这么快切入主题，可我又必须尽快知道她的想法，以便知道她自残的原因。

多多扁了扁唇，无力地叹了一口气，答道："我们家其实总体很好，爸爸妈妈事业都很成功，爸爸是单位的总工程师，妈妈也是一个单位的领导，爸爸妈妈其实也很理解我，我也想不明白自己为什么会这样。"

"可以问一下昨天发生了什么吗？"多多的自残行为属于当时心理状况的身体"投射"，我猜测在那之前有什么特殊的事情发生，又或者是出现了某种特定情境，对多多脆弱的心理状况产生了直接刺激，从而让她出现了冲动行为。

"好像也没有什么具体的事情发生，跟往常一样。"多多努力回忆后，给出了这样的回答。

一般而言，抑郁相关行为一定会对应着一定的特殊原因，我立马引导她去回忆近段时间发生的事情，我需要知道是哪些事情让她产生了糟糕的体验以及情绪。

多多仍然很迷茫，她垂眸摇了摇头，眉心出现了一个浅浅的"川"字。

"我就是不知道，自己感觉很模糊。"

"这种糟糕的心情有多久了？"

"我感觉从小学就开始了，我总是有那种莫名的忧伤，但我又说不出来在忧伤什么。"

"没关系，我们一起来探索一下。能跟我讲讲你自己的经历吗？"

多多犹豫地看了我一眼，似乎在默默判断眼前这个人是否可信，我没有避开她的注视，尽可能温和坦荡地和她对视。

很快，多多下了决心，开始回忆。

"我出生在成都，后来妈妈因工作原因被下派到四川一个叫雅江的地方挂职锻炼，没有精力照顾还不到3岁的我，于是把我送到了凉山州盐源县外公外婆家，我小时候就是在外公外婆家度过的。我外公外婆和我舅舅住在一起，我舅舅家有个大我两岁的表姐，我印象中外公、外婆和我舅舅、舅妈对我姐特别好，但是对我就没那么好。"

"哦，他们是如何对待你的呢？"

"有好吃的都会先给我姐，尤其是我舅妈，当着我外公、外婆和舅舅的面假装对我很好，背地却对我很凶。我对很多具体的事情没有印象，就只留下这一个印象，我很怕我舅妈，直到现在，我看到她都觉得心里很硌硬！"

在多多回忆的过程中，我一直安安静静地看着她，其实就是在观察她的表情变化。在说起从前这段经历时，多多的表情是颇为复杂的，我能看出她所谓的"硌硬"，但是同时，也暗含着"迷茫"和"怀疑"。这样的情绪究竟是对她的家人还是对她自己，我暂时没有下任何结论，可根据经验，多多的表述是带着过多主观情绪和偏差的，未见得就是客观存在的事实。

再者，即便"舅妈的坏"是客观事实，也不代表着她的家人全都如此，因为对一个人的印象而否定其他亲近的家人，乃至否定她的幼年时光，这样的判断往往过于轻率，也更容易对她产生不好的引导。她需要其他更加具体的回忆来扭转这种轻率的决定和认知。

"外公、外婆和舅舅呢？他们对你不好吗？"我想在这里做一个**澄清**。

〈心理术语〉：**澄清**

这是心理咨询术语，当来访者表述的意思模糊不清，混乱或矛盾，不够具体的时候，咨询师通过具体化技术来询问来访者，以确定他要表达的意思到底是什么。澄清式发问是针对对方的答复，重新提出问题以使对方进一步澄清或补充其原先答复的一种问句。

多多犹豫片刻，回答："具体事情我想不起来了，印象中什么好吃的、好玩的都是给我姐，而且我和我姐发生了争执，我外婆永远都是向着她说话。我就想不明白，明明我是妹妹，为什么是我让着她？长大后我才能理解，我姐从出生开始就是外婆在带，外婆对她的感情和我自然不一样，我就像一只流浪的小猫。"

我注意到多多的比喻，"流浪的小猫"，漂泊无依，四处为家，这常常是童年时期有着寄宿生活的孩子们的共同感受，在他们的潜意识里，这里并不是自己的家，所以在做任何事情之前都要去看别人的眼色，担心自己做错事惹到别人，也怕因为做错事而被欺负、被赶走。这是很平常也很正常的主观感受，尤其是对青春期阶段的孩子来说，敏感、多疑很有可能会伴随他们很长一段时间。

我打算适度转移多多的"绝对注意力"，于是我轻笑着问："小猫？为什么是小猫？你很喜欢猫？"

"是的，我喜欢猫。家里有三只，有一只是我捡来的流浪猫。每次我心情不好的时候摸摸它们就会感觉好一些。"这是一个还算不错的正面信号。

▼ 佳雯解析：

宠物不仅有调节情绪的作用，对于有心理疾病的孩子还具有疗愈作用。宠物和主人之间有着情感连接，宠物忠诚，会永远陪伴。我常常建议沟通不畅的家庭，给孩子养一只猫或狗。今天的孩子越来越孤单，宠物是可以陪伴他的，尤其对于抑郁的孩子来说，为了照顾这个弱小的生命，甚至会让他产生因此而留在这个世界的一根稻草。

"那个时候爸爸妈妈多久来看你一次啊？"

"很久很久，我也不知道是多久，妈妈那个地方交通非常不方便。她说一般一两个月就要来一次，但是我的感觉是很久很久，每次看到他们我就觉得自己好委屈，看到就先哭，然后妈妈抱着我一起哭，哭了又笑。他们每次走的时候不会告诉我，他们会设一个局，让外婆把我带到一个好玩的地方，等我回来他们就已经不在了，我又会哭很久很久。"

我在脑海中勾勒还原了当时的场景，暗自给予了多多短暂的共情。我能感觉到多多的爸爸妈妈的初衷，他们不希望年幼的多多过多地直面分离，却忽视了很重要的一点，"设局"后的分离对于孩子而言，直观感受和被狠狠抛弃无异。一次伤害的严重程度已经可想而知，更何况是一次又一次的反复伤害？对于多多来说，"分离""被抛弃"已然成为在不断强化的刺激源，让她反复受伤。

"妈妈那个时候怎么没想到把你带在身边呢？"

"我也问过这个问题，妈妈说她那个地方海拔很高，对身体不好，只有一条还算繁华的马路，教育条件也不好，她还年轻要先奔事业，没有太多精力照看我，外婆那个时候还在老家带姐姐，就只有把我送过去。"

"那你是什么时候回到父母身边的呢？"

"我在老家待了三年多，上小学的时候回了成都，外婆那时候也跟着过来了，第二年爸爸妈妈就都回来了。"

"你在老家的幼儿阶段整体感受是什么？"

"其实总体挺快乐的，幼儿园的园长和老师都知道我是大城市来的孩子，而且知道我妈以后要当大领导，所以对我很好。但有时候我也觉得很委屈，可能爸妈不在身边，看到其他小朋友都是爸爸妈妈来接，而我每次都是外婆来接，就会觉得很难过。"

二

从一定程度上而言，童年阶段是一个人一生中最重要的阶段，家庭带来的安全感、生活的安稳感、学习的好习惯都在这时产生。幸福而快乐的童年能促使孩子在未来的成长中变得纯良、阳光、努力、富有爱心，相反，则会在孩子的心中埋下负面影响的种子，一旦在成长过程中未能及时调整，就会逐渐生根发芽，开出抑郁、纠结、自卑的负面果实。

可能有一些家长会做出强烈反驳，就像我曾经听到过的一种声音："我们夫妻俩已经尽全力给孩子最好的物质条件了，除了学习好一点之外对他再没有任何要求，他还有什么不满意的？我看就是矫情，就是欠揍！"这并不是特例，事实上这是家长们对孩子抑郁的普遍理解，除此之外，已经努力为孩子付出一切的家长们又会觉得无比委屈，觉得他们做出了这么大的努力和牺牲，到头来孩子却变成了这副样子，内心会有对自己教育失败的否定。

然而，在不同于父母当年的时代和社会背景下出生、长大的孩子，思维方式以及心理发展都是与时俱进的，我们不能再用我们那一代的要求来要求孩子。当一个社会物质条件被充分满足的时候，人的精神的需求必然要开始出现。

根据多多的回忆，她的整个小学阶段其实非常顺利。爸爸妈妈能力很强，事业一直处于上升阶段。父母对她的陪伴质量也很高，爸爸能和她谈论一些很深的社会话题，比如世界格局、男权文化、经济形式，以及一些哲学思考；妈妈在事业上非常精进，也是她很好的榜样。

似乎正是因此，多多才更加纠结迷茫，她再次痛苦地叹气，哑着嗓子说："可是我就是不知道为什么自己从小就那么难过。"

"小时候和父母分离的经历可能会给你留下一些负面的感受，但是小学的六年你基本都是在父母身边度过的，你刚才又说父母对你很好，按理说你不应该委屈悲伤啊！"

"是的呀，这就是我也感觉无法解释的地方。我的记忆总是很模糊，但是这种悲伤又特别明确。"

"这种悲伤最早出现在什么时候？每次有这种感受之前会不会经历一些什么？"我再次尝试带多多回忆。想要解决多多的问题，必须向深层次挖掘根源。

"好像是发生了点什么。"多多把眼睛眯了起来，似乎在寻找久远的线索。

"发生了什么呢？"

"很不确定。"

"最近的悲伤在什么时候呢？"

"应该不是昨天，我想想……"

"或者有没有令你印象最深刻的一次悲伤？"

多多的眼睛突然睁大，声音都激动起来："想起来了！每次我心情非常低落之前好像都是我爸妈对我说了点什么，但是我又想不起来具体说了什么，这种感觉好像一直从小学持续到现在。有两次我的印象非常深刻，六年级快小升初时，我记得我们一家人躺在床上，我睡在爸爸妈妈中间，他们好像跟我说了什么。"

"是爸爸跟你说了什么，还是妈妈跟你说了什么，还是他们俩都跟你说了什么？"我进一步澄清。

"都说了，但是好像主要是妈妈。当时我非常难过，直接一个人走到了楼下的房间。还有就是，我中考考得比较好，爸爸妈妈约了几家好朋友一起吃饭，他们在桌子上好像又说了什么，让我的心情一下子就很不好，当时就有想伤害自己的想法。我之所以记得这么清楚，是因为当时我们三个孩子都在吃北海道冰淇淋，我特别喜欢吃这种冰淇淋，但是突然一下子就没了食欲。我还想起小时候妈妈对我背唐诗、宋词这件事特别上心，只要我没有背好，妈妈就会很生气，我就觉得我令妈妈失望了，心情一下子就不好了。"

"我很好奇他们究竟说了什么呢？"

"哎，我真的想不起来。"多多肉眼可见非常困惑。

"每次都是爸爸说了什么，还是妈妈说了什么？"我再次询问。

"感觉每次都是妈妈更多一点吧，爸爸有时候就附和一下。"

多多的回忆显得非常困难，哪怕离最后一次"说了什么"也才过去短短两个月的时间。这显然和记忆力本身无关，而和多多的创伤性感受有关。每个人都有**选择性遗忘**，这是我们的防御机制，这个防御机制可以保护我们，让我们少受伤害。多多的"遗忘"不是真正的遗忘，她在用"无意遗忘"来"刻意遗忘"父母言辞对自己带来的影响，只是这些负面言辞的具体内容我们还暂时无从知晓。

〈心理术语〉：**选择性遗忘**

选择性遗忘是对心理诱因相关事件的记忆丧失。但不是自己选择的，而是大脑选择的，是大脑的防御机制为了保护个体而选择性"忘记"了一些东西，大多都是为了逃避而发生的。选择性遗忘并不是真的忘掉了，在催眠状态下是可以想起来的。

但在这段亲子关系当中，妈妈对多多影响更大。由于生理特性以及情感羁绊的原因，母亲往往会显得对孩子更加"上心"，这一现象落到孩子的成长阶段，最主要的表现就是对孩子有更高的要求，而对于尚未真正接触社会的孩子们来说，也就是"妈妈对我的学习要求很严格"。

我稍微调换了角度，问："多多，你是几岁和爸爸妈妈分床的呀？"

"小学四五年级吧，小学时候，每到周末我就可以挨着他们睡，后来妈妈说我大了，初一就偶尔挨着说说话，没有再挨着睡。"

"在这一点上，我是赞同你妈妈的说法的。因为你已经是一个青春期的女孩儿了，发育也挺明显的，和父母一起似乎不是那么合适。"

多多轻轻点点头，表示赞同，可不知想到了什么，又皱起了眉头，小声说："我是有点黏我妈，但是有时候又有点讨厌我妈。"

"为什么会讨厌妈妈呢？"

"不知道啊。"这场咨询中，多多用了很多"不知道"，那些多多应该"知道"的原因被她压到了潜意识中。她并不想去提及那些对她而言存在伤害性事实的事情，这其实也是她对自己的一种本能保护。

"多多啊，我刚才问了很多问题，你都说自己不知道，你自己不觉得很好奇吗？"

"我就是很好奇啊，我对自己的很多想法和行为完全不能理解，明明生在一个很幸福的家庭，我却不知道为什么内心会有这么多悲伤。我从小学开始就有轻生的想法，直到现在。"

我的脑海中立即警铃大作，很多存在抑郁倾向的孩子都会出现自残的行为，而随着心理状况恶性程度的不断升级，有些孩子在无法自控的情况下会彻底走向崩溃，最终在无法自控的情况下结束自己的生命。

无论是以同为母亲的身份，还是以咨询师的身份，这都是我绝对不希望看到的结果。

"你最近一次轻生的想法是什么时候？"

"最近就有，"多多眯了眯眼睛看我半晌，聪明地意识到我的担忧，反过来安慰起我来，"但是你别紧张，我的这个想法已经有好多年，但我明确地知道我自己绝不会这么做，毕竟我还有一个目标，就是要考香港大学。"

我默默松了一口气的同时想起来，多多虽然上的是国际学校，但是和大多无法接受普通高考压力才被迫进入国际学校的学生不同，她考入的学校在成都排名数一数二，能够进入IB班的孩子一般都想冲刺常春藤名校。

"怎么想到上港大呢？"

"我喜欢金融，但目前因为各种原因，我父母也不敢让我出国了，我现在考虑的是新加坡国立大学和港大。"

确定多多还有明确目标的时候，我对她的担心稍微降低了一点。与此同时，我快速回忆起她刚刚说起这些时的表情。她的神情显得非常无奈。

这点"无奈"立即引起了我的注意，我猜想，多多的梦想不仅仅是她自己的梦想，很有可能也是她的父母，尤其是她妈妈的期盼。

"跟我分别描述一下爸爸、妈妈还有自己的性格吧！"

"爸爸知识面很广，为人宽厚，做事认真；妈妈性格比较急躁，因为是领导，所以对自己和别人要求都很高，工作努力但是很强势，她会把工作中的强势带到家里；我自己总体感觉像爸爸一些，同学们都很喜欢我，但是我性格中要强的部分像妈妈。对了，爸爸妈妈关系也挺好的，妈妈出差在外时他们还煲电话粥。"

"你怎么个要强法呢，可以给我举几个例子吗？"

"我小学和初中的时候学习成绩一直很好，年级排名都靠前，但是到了现在这个学校又进了这个班，我就在后面垫底，妈妈要求我每天早上五点半就起床，背单词、背课文，可三个月过去了，好像还是没什么起色。"

"你对自己要求很严格吗？"

"我一直绷得很紧，我都担心什么时候自己的弦会绷断，我说的不是轻生这件事，而是大脑中对学习的不敢放松，一放松我就觉得内疚。"

"你的内疚指向谁呢？"

"肯定是我妈呀，她多会做思想工作的一个人呀！"

"哦，妈妈对你好像有很多期待？"

"她的最低目标是新加坡国立大学和港大，她说如果通过全国高考上港大基本就是清华北大的分数，但是现在让我读了个IB已经降低了难度，说一个人不应该给自己找退缩的理由。"

"原来这是妈妈的目标。你刚才说讨厌妈妈是不是这个原因呢？"果然，多多的答案侧面验证了我刚刚的猜想。

"不完全是，我妈有个最令人讨厌的地方。我们家明明经济条件挺好，我妈却每次都跟我说家里快没钱了，现在公务员压力大但工资低，她的钱还了房贷就没有结余了，其实我爸悄悄跟我说房贷早就还清了，我不知道我妈为什么总爱哭穷。有一次我们在万象城的超市看到一种我没见过的进口水果，特别贵，我很好奇拿起来看了一下，我妈以为我想买，立刻说现在的进口水果运输周期长不新鲜，说不定还有病毒，价格又很高，和质量不成正比。我其实压根儿就没有想买的意思，她就说了一大堆，然后她又做出一副很穷酸的样子说家里经济条件不好。我想不明白她为什么就不能表现得和她的职业、社会地位、收入匹配得体一点，如果你不知道她是个领导，你会以为她就是个斤斤计较的小市民，虽然她本人看起来还挺有气场的。我小时候学绘画，明明一节课不到100块钱，我妈非要跟我说200，然后让我好好学，不然对不起交的学费。我看到妈妈这个样子就会既讨厌又自责，是讨厌她了以后的自责。"

"这个可能和妈妈童年的经历有关，妈妈小时候出生在盐源，可能童年生活比较艰辛。"我在这时给出了一种猜想，但当然不是我全部的想法。我曾见过很多家庭条件很好的家长会对孩子隐瞒经济情况，想以此来督促孩子好好学习，将来出人头地，成为真正对社会有用的人。我从不认为这样的家长虚伪或是过度夸张，正是因为他们曾经饱尝创业和守业的艰辛，才更不希望孩子在将来经历同样的艰难。很多所谓的富家子弟，"富二代"都会因过度浪费而忽视了赚钱的难度从而失去奋斗的目标，继而失去学习和生活的能力，于是在这种情况下就会有很多家长想要"防患于未然"，适度让孩子享受物质，更多的还是要控制孩子的支出，让孩子懂得自己努力，以免"坐吃山空"。

多多丝毫没有理会我的话，继续说道："她对我的控制不是强行的控制，而是一种精神控制和绑架，这比直接控制更令人不舒服。比如我不喜欢吃鱼，但是她认为每个星期都要吃一条鱼，如果我不吃，她又会出现非常难过的表情，我看到她难过我又开始自责，憋得自己特别难受。自己每天吃什么、不吃什么、吃多少，自己穿什么、穿多少、怎么搭配都得有她的指导。我在小学四年级以后开始喜欢黑色，但我妈总想把我打扮成粉红公主，我妈每次见我穿黑衣就一直啰唆，为了让她闭嘴，我干脆就听她的。我妈精力特别旺盛，从小学到高中她都是家委会主席，她工作其实非常忙，但她从没耽误过家委会工作，只要班级有活动，她就可以很自由地进出学校，每次进来都要溜到教室后面悄悄看我在课堂上的表现，同学就会嘲笑我说'哎，你妈又来了！'"

多多说完这些时不由自主地沮丧了起来，我想，这份"过度关注"恰好是孩子生命不能承受之重。

三

从过去的一些典型案例中可以看到，亲子关系往往是比其他家庭外部关系更加敏感的一种关系。缺失的关心会让孩子感觉到被忽视，从而向敏感、多疑、脆弱、恐慌发展，可过度的关心又往往会让孩子感觉到"窒息"，就像是父母亲手用爱打造了一个十字架钉在了孩子的身上，这样的孩子更易于在面对事情或做出决定前更多地纠结、考虑，同样也会出现敏感、脆弱的后果，甚至，会比缺失关心和爱护的孩子更加脆弱。

多多也许在一个个深夜中，双眼无神地抱膝坐在房间里，一次又一次回想起妈妈对她毫不自知的控制，想要反抗，却又越发害怕妈妈会失望，更害怕一直以来都是父母骄傲的自己会被其他人赶超，最终成为妈妈的耻辱，再次看到她"为难"的表情……

想到这些，我的心被深深刺痛。我努力调整情绪，继续询问："你刚才说自己比较要强，还有其他表现吗？"心理咨询本身是一项层层递进的工作，即使过程当中会触碰到来访者的伤口，让她再一次直面痛苦，但也必须如此，绝对不能因噎废食，轻易中止。

多多想了想，不好意思地笑着回答："我妈说我从小就争强好胜，玩具要争，吃东西要争，大人哪句话说得不对也要争。"

"所以，你在老家上幼儿园的时候，有没有可能是因为自己性格比较要强，是你先要和姐姐争，所以外婆才让你让着姐姐啊？"

"可能是吧，我长大后他们都这么说，但是我自己记不起来了。"

我和多多谈了谈一个人的性格会对外在的客观世界造成扭曲的事实。她的"爸爸妈妈不在身边，你们就欺负我"的内心独白，其实是自己大脑歪曲的加工，多多似乎略有领悟。

将一个人的注意，或是说执念从当前的一件表象事件中转移开，这并不是一件简单的事情。这也是为什么完整的心理咨询不能一蹴而就，在一次两次后就能宣布结束的原因。我决定暂时中止，并仔细去理顺多多的成长经历，绘制出完整的家庭图谱，并从她本身对未来的期许规划划分节点，继续和她探讨面对未来的积极因子。我叮嘱她坚持过来后，便结束了第一次的咨询。我随后和妈妈单独交谈了几句，告知孩子处在抑郁的边缘，且有多次轻生的想法，妈妈整张脸上都写着"难以置信"。对此我当然能够理解，以多多家庭这样的经济条件以及文化氛围，如果不是这一次的自伤，妈妈仍会认为自己的家庭是世界上最幸福的家庭之一。因妈妈要赶回单位开会，我们草草结束了沟通。为了弄清楚多多口中的"爸爸妈妈说了些什么"，我也邀请多多父母一起来咨询室一次。

当然，这首先是于整体咨询而言很有意义的一环，其次也是我从个人角度出发的美好愿景。多多的选择性遗忘在很大程度上是因为对痛苦的回避，而就目前能够收集到的资料来看，这种痛苦直接来自多多的父母，换言之，更多的来自她的妈妈。但是，根据心理咨询中"不求助不帮助"的原则，我并不能强求多多的妈妈一定要来，虽然这非常有必要。

让我感觉庆幸的是，多多的妈妈非常开明，在确定了多多非常认可我，并在第一次咨询后出现明显的情绪好转后，最终决定再次来访。

多多妈妈的个人时间非常紧张，我们再见面时已是两个月以后了。为了照顾她的时间，我们特地约在了13：00，这本来是我平时午休的时间。

多多是个非常懂事的孩子，同时也是一个很容易触碰到我痛点的孩子，我常常会在我们的第一次见面后想起她，随即也会联想到我自己的孩子，会想起我是否有过明明满怀爱意，但却不经意给予我的孩子压力，无意识伤害到她的时候。大概就是因为这个原因吧，我在等待的过程中多出了几分期盼。

终于，午后静谧的走廊中响起了高跟鞋特有的"咔咔"声，声音响起的频次很快，我能通过声音听出来访者有多急切。这前后两次的咨询间隔很长，我猜想多多或许又发生了一些其他的事情。在声音非常靠近时，我快速拉开了房门，看到了明显脸色不好的多多妈妈闪亮登场：卡其色长款风衣内是一件大地色系、质地精良的套装，珍珠耳环的细节和爱马仕橙色丝巾让她看起来更加精致。我想起多多之前说过的"妈妈喜欢哭穷""像是斤斤计较的小市民"，不免有些对比鲜明，多多妈妈的初心当然不会是不好的，只是在某种程度上用错了方式。

她用尽可能简洁的语言表达了对我的感谢，说是上一次之后多多的改变很明显，她和多多爸爸都很开心。她的表情真诚而快乐，显然是回想起了多多当时的转变给她的安慰。

可下一刻，她话锋一转，说起了多多随后的反常。

"从上周二开始，我明显感觉到她情绪不好，经常自己一个人发呆，我问她：'宝贝，是不是遇到什么事了？可以说出来，也许妈妈能帮助你？'但她不吭声，星期三回来的时候情绪好一点，因为上次自伤的经历，我和她爸爸现在说话都很小心翼翼。我工作很忙，平时都是爸爸在负责接送，我看那两天她情绪不好，于是星期四我就和她爸爸一起去学校接她，在车上我就无意提了一下学习，她的脸就立刻垮下来，我于是再也不敢提了。她现在的学习很糟糕，但我完全不能提。"

"有多糟糕？"

"刚刚出了月考成绩，她考了25名，班上就35个人，等于是个妥妥的中下等生了。"

"您对孩子的学业有什么期待呢？"

"哎，说真的，我没啥高期待，我也不指望她考个常春藤，但你至少要考个稍微拿得出手的学校嘛！"

"稍微拿得出手的学校是什么学校？"

"如果在国内，我不说你985，你至少要考个211或者香港大学；国外大学你至少给我考个新加坡的大学嘛。她自己说要考香港大学的工商管理学院，我虽然没说但我心想目前的水平她肯定考不上。香港大学考不上至少考个浸会大学嘛，现在亚洲的好学校竞争很激烈，我看她还不温不火。"

"我每次问家长对孩子有什么期待的时候，大家通常会说我对孩子没有什么期待，但是刚才听你这么一说，我觉得期待还是挺高的。"

她立刻笑着回答："是是是，我可能表面没什么，但是内心还是有期待，我毕竟是个领导，大家都盯着的！"

我颇为无奈，她似乎还没有发现问题所在。

"你发现只要一说学习孩子就情绪不好，说别的事情孩子的情绪如何呢？"

"只要不说学习，说什么她都好。对了，还发生了一件事。我那天看我同事发了一张她女儿画的素描，我觉得画得很好，因为她的孩子是打算参加艺考的，人家目标定得很高，中央美术学院或者中国美术学院，从小一直在学，所以很有功力。我家多多小学的时候都和她在一个老师那儿学，但是多多画到初中就没时间画了，多多成绩也很好，我们也不想她考艺考。我就无意说了一句'哎，我在朋友圈看到李想画的画，她进步好大呀'，我还把手机递给她看了一眼，没想到她的脸又垮下来了，然后一个晚上把自己关在房间，我很怕她又伤害自己，就抬了一把椅子坐在门口一直跟她说话，她也不回应我。我家的阳台斜对着她的卧室，我在门口和她说话，她爸爸就跑到阳台悄悄去观察，看到她在画板上画画。

"后来她发现爸爸在阳台看她，就很气愤地把窗帘拉上了。第二天一大早，我们都还没起床，她就跑到我们卧室，然后把灯打开，跟我们说她昨天画了一幅画。我看她画的是一个很丰满的女人，我那时还没怎么睡醒，也看不懂，但是爸爸反应快，也很想讨好她。爸爸一下子就从床上坐起来，很仔细地看，她说：'爸爸，我是在手机上搜的图片，素描最考验一个人的基本功，这幅素描难度很大。'然后开始跟她爸爸说这幅画的结构怎么样，一会儿又说什么光线透视什么的。她爸爸其实看得很认真，然后说'我觉得这幅画还没有你初中时候画得好'，她马上又把脸垮下来了，冲我们吼'你们究竟懂不懂啊'，然后'哗'的一下居然把画给撕了！我和她爸爸还没反应过来她就跑到楼下。他爸爸反应迅速，怕她冲动就跑去追她，她又把自己关到房间里了。这个孩子初中没有叛逆过，可能青春期来得很晚，我们都不知道该怎么跟她相处了……"

四

我的思绪随着多多妈妈的叙述飘了出去，似乎看到了在深夜中皱着眉头画画的多多，她的表情很气愤，又非常不甘心。每落下一笔，她都会反反复复对照图片，也暗自思索究竟什么样的画作能赢得爸爸和妈妈的赞赏。她画得一定比任何时候都要用心，因为她想通过这样的方式得到爸妈的赞同，尤其是想听"爱挑剔""永远不满足"的妈妈说上一句："宝贝，你才是最优秀的孩子！"

我也看到了，当多多努力一整晚的画作，最终却没有赢得爸妈的认同时，她失望又委屈，不甘又痛苦，她或许还想到了过去的每一次努力，想到自己明明很努力了却还是没办法达到妈妈的期待，更想到永不满足的妈妈在未来的很长时间，依然会板着一张脸教育她这样那样，告诉她一定要非常优秀，才能赢得所有人的喜欢。然而，事实上，多多或许从不在意是否能被其他人所认同，她从头到尾想要的，不过只是妈妈的看见……

▼佳雯解析：

孩子越小，越需要得到父母的肯定，来确认"我是谁？"他在成长的过程中，天天都会问这个问题。父母多赏识和鼓励，孩子就在"我是谁"的容器中打一个勾；父母常指责、比较，孩子就在"我是谁"的容器中打一个叉。最后那个容器勾多，孩子健康快乐；叉多，孩子卑微、怯懦；勾叉一样多，孩子就在关系中反复纠缠，不断测试。

我的情绪混入了短暂的失落和难过，那是跟多多遥相共情的结果。我努力调整情绪，无声地呼出一口气，继续问下去："后来呢？"

她无奈地叹了一口气，表情失望又失落。

"快到上学时间了嘛，她自己就出来了，因为上次你提醒了我们，我们当天就把她房间检查了一遍，连三角板都搜走了，窗户也加了限位器，所以应该也不会发生什么意外。我看她爸爸得罪了她，那天早上就主动提出送她，在路上我跟她聊了聊，我说：'宝贝啊，妈妈知道你现在心里很难受，你难受妈妈也不好受。我们每个人都有情绪，比如妈妈在工作中也会出现很多情绪，但是我们自己要懂得控制情绪，不能让它泛滥。比如妈妈出现情绪，但是现在马上要开会，我就必须调整好自己的情绪，这样才能保证在会议中有良好的表现。今天早上可能爸爸话没说对，但是你现在马上要进入学校，高中上的又都是主课，你就要调整好自己，很快进入学习状态。'她平静地回复我：'妈妈你放心，我会调整好的。'我现在觉得越来越不懂她了，今天就是想过来了解一下她第一次来究竟跟您说了什么，关于保密的那一块我也表示尊重，希望郑老师能给我们一点提示。"

让我觉得无奈又有趣的事情就在这里，当她把近期发生的细节向我全盘托出后，我突然就知道多多的那些"不知道他们说了什么"的内容大概是什么了。多多的妈妈在刚刚先后几次的"无意提起"，这其实是另外一种形式的心理暗示，又或者说是心理补偿。或许在很早的时候，早到她带多多来做咨询之前，她就已经意识到了"学习"这件事会直接影响到多多的情绪。如果只是因为多多不爱学习而受到影响，她或许不会觉得不安和难过，可偏偏她让多多难过和痛苦的是"她说起学习"这件事，换言之就是，多多的痛苦来源于她时，她又怎么能轻而易举接受这样的真相呢？于是，她在说起这些时就会说自己

"无意提起"，以避免自己因了解真相之后过分自责和痛苦。

事实上，这又何尝不是另一种形式的自我保护呢？

我随后把这些讲给了多多的妈妈听，她不好意思地笑了笑，说："嗯，可能是。"可我看得出来，她其实已经在强行控制情绪，努力让自己看上去更为"洒脱、随意"了。

我努力屏蔽掉自己就快要汹涌而出的情绪，尽可能心平气和道："我其实只见过多多一次，但是她提了好几次'不知道他们说了什么，我的心情就会突然变得很低落'，我就一直在想你们说了什么呢？我问了好几次，孩子都说想不起来，而她来之前最后一次感受到情绪低落是在中考三家人聚会的时候，说你们又说了什么她又突然感觉到了情绪的低落，我和她核实过，她在学习方面的记忆力是很不错的，为什么唯独在这件事情上她就是记不起来？"

多多妈妈摇摇头，嘴角无意识地抽了抽，眼角的肌肉也无意识地抖了抖。

"太奇怪了……"

"孩子说小学六年级和你们躺在一张床上，也是因为你们说了什么，她心情非常低落就下楼回到了自己房间，说了什么她还是不记得。"

多多妈妈一直没有说话，似乎在极力回忆。

我看过她的反应，决定不再给她过多的缓冲时间，正式开始了对整件事情的梳理。很多时候，逃避只能带来绝对的负面结果，直面恐惧或痛苦并不一定能带来绝对正面的结果，但一定能带来相对正面的转机。

"我们每个人的大脑都会有意无意记住和忘记一些东西，

因为每个人都会趋利避害，我们的大脑之所以会选择屏蔽一些东西，源自大脑自带的一套防御，大脑会开启自我保护机制——记住开心的，防御痛苦的。我在当时完全猜不到你们跟孩子说了什么，但能确定，被选择性遗忘的言语一定给人带来的感受是痛苦的，没有人会忘记快乐的事情。今天你跟我说的这几件事，让我对上一次多多说的内容产生了联想，我虽然猜不到你们具体说了什么，但是一定和比较有关，拿自己的孩子和他人做比较。"

多多的妈妈无缝对接了一句："是这样的，我们确实是这样的。"在说起这句话的时候，她不自觉地哆嗦了起来，眼眶迅速红了，眼泪很快就落了下来。

她哽咽着说："我必须好好反思，我们确实经常拿她和周围人做比较，这是事实，原来问题出在这里。"

"孩子长期心情低落的原因不一定仅仅来自于此，还来自童年时候离开父母寄人篱下的经历，虽然里面有很多她自己错误的感受，但是她就是在这样的负面的心理现实中成长起来的，她无时无刻不在提醒自己'我很可怜''我被抛弃''我不被人喜爱'，所以她才会对收养流浪猫如此上心。"

"哦！"妈妈恍然大悟，哭得更厉害，"我能理解了。她总说外婆偏心，说舅舅、舅妈对她不好，其实不是这样的。要说我妈偏心，我妈其实更偏她，我妈心疼我在外地上班，所以对多多非常好，但是多多性格要强，外婆也需要公平，所以外婆有时候会向着姐姐。"

我点点头，继续下去："孩子因为自身的高感受性和低解释性，她给了自己一个负面的解释，那个时候没有人去引导她，她只知道父母不在身边，只选择性地看到外婆偏爱姐姐，对外婆的疼爱视而不见，但是幼年时候的感受被留了下来，影响了她在成长时期对外界的解读。

"幼年期正是孩子需要父母高度关注的时候，每个人的心理都有一套补偿机制，小时候没有得到的，长大了要补回来。孩子拼命想寻求父母的关注和认同，没想到父母却经常拿她和别的人比较，在比较中她永远赢不了，因为父母之所以要比较就是因为觉得她不够好，是在用她的短板和别人的长板相比，比如比学习、比画画。

"妈妈说别人的画好，那她就非要画一幅来证明她的也不赖，她是在用最初级最原始的方式赢得父母的认同，没想到爸爸说她没有过去画得好，又再一次否认了她，这个孩子的心理补偿任务永远无法完成。我不知道你们是从什么时候就开始了习惯性比较，如果这种比较来得早，就会在孩子的内心形成'浅抑'，也就能解释她为什么总是感觉不开心了。

"孩子也跟我说妈妈对学习有很高的要求，但是你也知道中考后淘汰了50%的学生，剩下的50%都很优秀，而多多又在重点学校的IB班，要让她在高手中持续保持班级前几名恐怕很难做到。我不是说对孩子不能有高要求，只是，一个对学习有高要求的家庭必须用高亲密感来支撑。多多一直渴望得到你们的关注与认同，但是她又总是在这样的渴望中受挫，无论她怎么努力都不能达到你们的期待，如果每天你的领导都拿你和你的同事比较，绩效考核、人际关系测评你都不如人，时间长了，我相信，你可能也有抑郁表现。"

"嗯，很有启发，很有启发。"妈妈边说边抹掉不断掉下的眼泪，妆容花了也毫不在意，"过去我完全没有觉察，我都觉得我们家很民主，我们很关心她，但是就是没有想过这个问题。哎，如果我早点来就好了，走了好多弯路……"我知道妈妈心里非常难过，难过的不仅仅是对女儿情感的忽视，还有对自己教育的失望。多年以来，至少在外人看来她事业有成，然而为了一直保持快人一步的状态，作为女性，只有她自己知道她需要付出多大的努力。

职场女性的压力可想而知，在长时间的压抑累积难以得到合理宣泄后，她就会形成一种"自我催眠"状态，即便在无比痛苦难熬的时候，仍会在潜意识里"催眠"自己：这样的高压、高紧绷状态才是人生常态，毕竟有家庭要照顾，还有女儿要养。

同为母亲，我太了解一位大城市的职场女性精英想要平衡家庭和事业需要付出多少，那是一条无比艰辛的、却又根本不能轻言放弃的路。我相信她非常疼爱多多，也一定是认定自己的女儿值得去过更好的生活，成为更好的自己。单就对多多的爱而言，她其实没有错，这只不过是来自一位需要平衡家庭和事业的职业女性的表达偏误，她只需要改变一点点，便是孩子前进的一大步。

"爸爸和妈妈需要学习共情的技巧和话术，比如在指出问题之前要先表扬，多多本来就缺乏被认同和赞美，爸爸妈妈要像对待幼儿园的小朋友一样去赞美她：'哟，你可真厉害，一晚上的时间就画出来了。我觉得这幅画最大的亮点是什么，这个人物的神态很传神啊。'如果爸爸这么说，你觉得孩子还会气得冲到楼下吗？到了晚上孩子情绪比较好的时候再来指出问题即可。妈妈呢，听起来很会沟通，但是沟通之前没有共情，只觉得你说的话都很有道理，有道理的话都是在理性层面，没有进入到情感层面。看到女儿糟糕的情绪需要先去共情：'女儿，妈妈知道你非常难过，如果你想哭就哭一会儿，哭出来就好了，妈妈陪着你哭，情绪不需要压抑。'走到校门口再提醒孩子：'孩子，你如果觉得情绪还没有处理好，你就在妈妈车上稍微待一会儿，什么时候你觉得好些了我们再进去，妈妈可以向班主任请个假。'当你能这么去共情孩子的时候，孩子的情绪才算被真正理解了，而当你真正理解了孩子，她反而会做出理性的行为。另外，我希望你尽量不要对孩子的学习有那么高的期待，孩子努力地想要寻求妈妈的认可，妈妈认可她的一个重要来源是学习，但是孩子发现自己又做不到的时候就会产生很大的挫败感，这种挫败感又会加重她的抑郁情绪。"

多多的问题已经表现得非常明显了。她对于妈妈夸奖别人家的孩子产生了最真切揪心的痛苦和嫉妒，于是立刻就会用最原始的方式赢过对方，从而赢得妈妈的肯定。

作为成年人，在面对比较之后的挫败，常常会选择更为成熟一些的方式去完善自身以及"跨越失利取得成功"的积极结果；可对于未成年人，尤其是对青春期阶段的孩子来说，他们往往不会选择这样的方式，而更容易去选择类似"赌气"的方式。这就好比在幼儿园阶段，老师们经常会用"小红花"的机制来明确对比出哪个孩子更加听话、懂事，只有更加听话、懂事的孩子才能得小红花，于是其他没有得到小红花的孩子就会因为想要得到而复制已经得到小红花的孩子们的行为方式，从而达成老师们成功管理和教导的目的。这样从小就灌输"比较"思想的教育方式是否正确，我们暂且不提，回到多多这个案例上来，这一阶段的多多，明显已经成为"赌气"的小朋友，可她偏偏又和小朋友们不一样，因为她已经走过了被灌输思想和行为模式的阶段，进入了独立思考阶段，这样的"赌气"，也就自然而然会勾起她潜藏的痛苦和无力感。

多多的妈妈已然哭成了泪人，我调整她的情绪，认真给出了相应的建议。

"第一，忍住，什么都可以谈，就是不要谈学习；第二，补偿对孩子的关注。高度关注、高度共情，不批评，只鼓励和赞美，进步的时候为她鼓掌。"其实，我心里非常清楚，多多的妈妈需要调整的何止这两点。对学业的高期待、对孩子事无巨细的安排与控制、让孩子不断产生内疚的软性绑架，这些都是导致多多悲伤的源泉。可是，同为母亲，我既然能够理解她的初衷，又怎么忍心去用发乎于爱和关怀的情感本身去再一次伤害她呢？

多多的妈妈是在回去以后很久才给我发来消息的，她说："我会努力反思，重新学习做一个妈妈。郑老师，谢谢你！"

我没有对此做出任何评价，因为我太了解一位母亲，尤其是一位事业型母亲的不易。这一次的咨询于我而言更像是一次自省的机缘，我随之努力回想起过去与女儿相处的点点滴滴，并很庆幸至今为止我还没有犯过太大的错误。

在从前的各式案例中，我曾不止一次地听过孩子们的抱怨，埋怨妈妈为什么要用爱"绑架"他们，埋怨这样的妈妈根本不该带他们来到这个世界，可却从未听过任何一位母亲因为孩子的种种变化而后悔给予他们生命。

我无法为此评价任何一段亲子关系，在一段亲密关系中，我们于对方而言都是第一次尝试新的身份，他们是第一次做儿子或者女儿，我们也是第一次做母亲做父亲，要学着对一个小生命负责，而且是要负责一辈子。也许在此过程中我们都曾经犯过错误，导致短暂的情感疏离，使孩子和我们自己各自痛苦万分，但我仍然想说的是：孩子，无论发生任何事情，请不要轻易怀疑爸爸妈妈。过去的每一次"交锋"都像极了一次演习，妈妈在努力做的事情，就是尽己所能去将对你的爱和关心化为每天风雨无阻的接送和365天厨房天天飘来的饭菜香。

请相信，在妈妈眼中，你最珍贵。

初秋的花瓣

我常常觉得，初秋的花瓣往往比夏季百花争奇斗艳更惹人怜爱，那是曾经绽放过的芬芳。每次见到花瓣飘落，总忍不住想伸手接住它百般疼惜爱护，也曾见过很多人拾起做成书签或者标本，其实，花，本就无须争奇斗艳，各自芬芳、相映成趣便是最好的风景。

拉·洛克福库德曾说："自恋是比世界上最善于欺骗的人更加善于欺骗。"自卑、自信、自恋，都是一种自我认识，是意识的形式之一，也就是一个人对自己的认识和态度，而自恋和过分自信之间有着微妙的界限，适度自恋是对自我的愉悦接纳，是自信心的表现，而过度自恋是一种脆弱的自我高估和依赖。

因为工作原因，我曾见过各种性格特征的青少年，虽然每个人性格各不相同，但问题却存在较大规律性，我们可以通过观察这些青少年的外表、着装以及细微的动作表情等外在表现来判断，也可以通过父母自身的特点来推测孩子的人格特征，一个人是被遗传和环境交互作用所影响的，所以父母、家庭以及家族的特点对孩子都有着巨大的影响。

一

娜娜的母亲与我联系时，向我简要介绍了孩子的情况，她的文字有很强的逻辑，思路极为清晰，几乎没有多余信息，字字句句都对接下来的咨询起着提示作用，在我看来，在众多来访者当中，这位母亲是相当专业的。

娜娜今年17岁，高二，因为抑郁住院了两周，出院后始终无法回到学校。她曾在某医院和另一心理机构接受过两个不同咨询师的短期心理咨询，在与我联系之前，娜娜已休学三个月。预约父母见面时，母亲想一个人与我见面，夫妻俩在孩子两岁时离异，母亲似乎不太想让我见孩子父亲，但因为娜娜和爸爸会有不定期的互动，在我的强烈要求下，终于同意约上娜娜父亲一同与我见面。

见到这对曾经的夫妻，发现他们完全像两个陌生人，我对面的两个沙发本就相隔不近，但爸爸坐下来时却下意识地把椅子往妈妈沙发相反的方向挪了挪，这对离异多年的夫妻心理距离非常明确。

娜娜的妈妈是一家颇有影响力的传媒公司的领导，有北方基因的她虽貌不惊人，但一米七的身高气势极强，穿着一件长款白色貂皮大衣，戴着非常考究的帽子和一副墨镜。在成都，冬天几乎见不到太阳，这样的穿戴显得非常与众不同，让我想起谍战片里大雪纷飞时哈尔滨街头的女性穿着。她的这身打扮与气势让本就瘦小的孩子父亲更加相形见绌，如果不是知道他们曾经是夫妻，你绝不会把两个人联系在一起。

首次见面的主述几乎全部由母亲完成，那个看起来瘦削又憨厚的中年男人始终沉默不语，既不打断也不补充，如果不是中间有两次特别针对他的提问，我估计他可以全程一言不发。

孩子母亲转头看了一眼孩子父亲，说道："我和他在孩子不到两岁就离婚了，孩子一直跟着我，我知道孩子生病和我有很大关系。"她一点也不隐晦，还未等我开口，便直接承担了责任，"本来我对孩子的学习没有什么要求，谁知道她自己特别争气，从小成绩就特别好，从三年级开始她总是考班上的一二名，钢琴也弹得特别好，五年级就过了十级，我对她的要求不由自主就越来越高。"

她略微停顿，抬起双手十指交叉，眼神让我有些捉摸不透，我以为她要继续介绍孩子的情况，但话锋一转，开始了对自己的叙述，我并没有制止她，倒是能从她对自己的描述中察觉到孩子的人格特质。

"我对自己的要求其实也很高，我是我们单位的'拼命三娘'，这是有历史原因的。我爷爷是闯关东到东北的山东人，闯关东的过程很曲折，那绝对是在生死边缘间撕心裂肺艰难谋生的经历，我爷爷常把敢闯敢拼、艰苦创业的闯关东精神挂在嘴边。我爸从小听我爷爷讲他当年闯关东的故事，我又从小听我爸讲家族的故事，我爸其实并没有闯过关东，但是我总是能从他的讲述中感受到一种使命感，我们家自来就有一种精神的传承。"

"闯关东给你们带来什么精神传承？"我赶紧问。因为家族精神的传承会形成一个家族的集体潜意识，这和孩子的症状没准儿有关，同时如果是一种积极情感的传承，也是我们在咨询后期中需要善加利用的。

"在我看来，就是一个字'闯'，三个字'不服输'。"

她坚定地回答。

自强不息、艰苦奋斗、尚仁重义、博大宽容都是闯关东精神的价值底色，我知道闯关东的艰苦奋斗精神，也知道一代又一代人战严寒、斗风霜，繁衍生息，凭借双手变荒原为良田创造的荡气回肠的伟绩。

我有点热血沸腾又有点忧心忡忡，一个"不服输"的家庭多半会培养出"不服输"的孩子，如果这个"不服输"的孩子运气好，从小到大成绩始终名列前茅，也许可以促成未来的功成名就；但是成长路上绝不会一帆风顺，如果这个孩子为了迎合"不服输"母亲的情绪需要，她就会发展出虚假自体，最后与真实的自己失去联结。

"'闯'还是一种无所畏惧！"我还在思考，她又一次补充道。

这个女人很有力量，语气有力量，眼神有力量，态度也有着坚韧的力量，这力量是从骨子里透出来的，却又有点让人望而生畏。而此时，旁边这个憨厚的男人突然低了头，神情黯然。我突然有一种感觉，这个女人才是家里的男人，这个男人反而像家里的女人。

"你觉得这种精神给孩子带来的影响是什么呢？"我很想知道孩子受这种精神影响的程度如何，然而，我的提问并没有得到想要的答案。

二

眼前这个坚毅又倔强的女人，并没有回答我的问题，反而迅速地回绝了我，她一边抬起右手示意我停下，一边说道：

221

"郑老师，您先别急，我先说说给我带来了什么影响。因为这对你判断我们家的整体情况会很有帮助，我知道你们咨询师需要了解很多信息，我既然选择了到您这里来，我就不怕暴露问题。"妈妈的语气和一番解释让我觉得她对心理咨询很了解，似乎想展示她自己的善解人意，但是我又总觉得很生硬。

"我是家里最小的孩子，上面还有三个姐姐，应该说我们家并没有北方人的那种重男轻女的思想，我爸爸尤其宠溺我，但是他是把我当男孩子来养的，所以我刚才说他们不重男轻女我不知道准不准确。我们家虽都是女孩儿，但爸爸从来没有因为我们是女儿而感到遗憾，也没有因为妈妈生了四个闺女而嫌弃过妈妈。我爸爸从小跟我讲爷爷如何带着一家人闯关东，如何克服了天寒地冻、饥肠辘辘，最终达到了目的地。我爸每次讲完这段历史，就会在后面补一句话：'我们家就是有这股子劲儿，儿子能做的事闺女也能做，咱老朱家的闺女要争口气。'我印象中，小时候我就和男孩子比爬树，我爬得比他们还快；看到一群男孩儿翻到很高的牛背上，我也必须要翻上去，其实我个子比他们矮很多，但是我就是不服输，最后还是翻了上去。我对翻牛背这件事印象特别深，那天晚上吃完饭的时候我专门当着全家的面讲了这件事，非常渴望得到爸爸的欣赏，我确实在爸爸的脸上看到了欣慰和骄傲，如果有来生，我希望我能做我爸爸的儿子。"

一个女儿身希望来世做男性，我不禁担心了一下，问道："你作为一个男人，哦，不对，作为一个女人，你是怎么看待现在的自己的？抱歉，我不知道我刚才怎么会出现一个口误。"

咨询师可以故意口误，目的是促进来访者的自我觉察。

"我就是个男人婆，大家都这么说。"我们都笑了起来，我和她都一直忽略了房间里还有另一个男人。

被忽略，也是咨询师的反移情，可以在将来合适的情景下和被忽略者进行讨论。

"你刚才提了一个好问题，心理咨询是要分析口误和梦的。"她表扬了我，我很诧异她对心理学了解得如此之多。

在后来的咨询中，她总是表现出非常专业又非常配合的样子，比如对心理行业各个大咖的名字如数家珍，对一些名人非常熟络……这不由得让我变得紧张起来，担心自己在她面前不够专业，激发我想要在咨询中表现得更好。

咨询师要在咨询的过程中不断压榨自己的感受，这是咨询师理解来访者的一条捷径。

"郑老师，不瞒您说，我当年并没有考上大学，学历是我很大的自卑，我后来上的电大，可能来源于家族经历，外面的世界对我充满了诱惑。电大毕业后我去了深圳，进入现在这家传媒公司。我是我们公司学历最低的人，但也是最拼的人，我就常常想起我爸爸跟我说的话：'儿子能做的事闺女也能做，咱老朱家的闺女要争口气。'爸爸对我的影响非常大，当年从深圳到成都，包括现在我思想的变动我都会给爸爸打电话，听听他的意见。

"郑老师您知道我在深圳有多拼吗？我一天只吃一顿饭，为了找到客户，我每天厚着脸皮到写字楼扫楼，拜访陌生客户，保安盯着监控用对讲机指挥楼层保安撵我出去，我把自己的脸装在了裤兜里。我通过自己的努力最后做到了区域总监，那个时候我最喜欢的一首歌就是《爱拼才会赢》，直到现在我都在公司传达这个价值观。后来在成都成立分公司，我毫无悬念到成都做了分管营销的总经理，我对我的下属有很严苛的要求，但我要求他们做到的我自己会首先做到……"眼前这位女人眼里噙着晶莹的泪花。

看着逐渐流逝的时间，我必须打断她的"奋斗史"而聚焦在当下最重要的问题。"抱歉，因为时间关系，我不得不打断您，后面我还会单独约谈您详细了解您个人的情况，因为这个部分对我了解您的孩子也非常重要，但是咱们第一次稍微聚焦一下，先来说说孩子的问题。我刚才听您讲了您的家族闯关东的经历和精神的传承，那么，这些和您孩子今天生病的主要关联是什么？如果孩子后期愿意接受咨询，你们希望咨询能达成的目标是什么？"咨询必须把控节奏，我狠心且理智地阻止了她的叙述。

妈妈用手指假装整理额前的头发，顺手将湿润的眼角擦干，听到我的话，不得不将话题转向了孩子："我觉得，就是我的要强，造成了孩子现在的问题。"

"您能详细说说吗？您刚开始的时候说对孩子本来没有什么要求，所以我在想，究竟是孩子小学时候的优秀造成了您的高要求，还是要强就是深入骨髓的？也就是说不管孩子优秀或者不优秀，您可能都需要通过她的优秀来满足您对自己是个优秀妈妈的要求。"

家长爱孩子通常有两种方式：一种是把孩子当作独立的个体来爱，还有一种是把孩子当作自己的一部分来爱，这位妈妈显然是后者。

"我其实很累很累，我也不想这样，可我停不下来，我在职场非常拼，绝不让自己输给男性，连喝酒都不会输给他们。还有两年就高考了，万一考不上好大学怎么办，我哪边都不敢松气，怕一懈怠明天就什么都没有了。"她所说的内容听上去很无奈，但语气中却充满了自我肯定。

"不输给男性的信念是来源于你的父亲，你有没有发现，你的人生其实一直在被这个信念所控制，就如现在的你，可能也正在用同样的方式在控制你的孩子。"

这个男人，哦不，这个女人突然沉默了，似乎沉浸在她缜密的思维里，似乎正在努力印证我刚才说的二者之间的关联，考好大学的焦虑来源于这个女性自己的学历自卑，这份被夸大的焦虑是她自己而不该是孩子的。

她紧闭双眼，双手握紧放在额头前，许久的沉默过后，拿起面前的水杯，喝了一大口水，或许她早已知晓自己给孩子的压力，或许她的沉默仅仅只是回顾和自责，又或许她正在等待一切能有所改变。

"郑老师，其实我已经意识到这个问题了，我知道我对孩子的高要求来自我们家庭的特殊经历，来自我爸爸对我的影响，但我今天才知道影响居然会这么大，很多时候我都是以此为傲的，没想到我错了。"她直直地盯着我看，略显沮丧地说。

"你也没错。家族中传承下来的品质与精神本来是一个积极因素，但是被我们用得太猛了，有时候就会有反作用。孩子可能反弹的力量会很强烈，如果孩子反弹，你又太过强势，孩子的力量就会受到阻碍，无法释放的力量只能被压抑下来，负面情绪持续积累，久而久之要么爆发，要么孩子把愤怒和攻击的力量朝向自己，形成抑郁。"我并没有安慰的意图，只是客观地向她解释孩子的问题。

"不不，我错了，我在她小学和初中的时候给她报了很多补习班，从来不让她有空闲的时间，我觉得人都该有股狠劲儿，不把自己逼到极限，你不知道自己有多大潜力。我把孩子逼得太厉害了。

"高一她因为早恋成绩下滑，我完全不能接受，不仅没有安慰她，还不断指责她，联系对方家长管好自己的儿子。给她请了四个一对一的老师在家补课，成绩反而下滑得更厉害，再到后来她就干脆不去上学了，我这才发现问题的严重性，一去医院被诊断为中度抑郁。"

在这个男人般的女人脸上，我看到了深深的自责，她的骄傲、自恋都被抛到脑后，对孩子的担忧和焦虑占据了她的内心。

"能冒昧地问问你们为什么离婚吗？离婚后孩子和爸爸的

互动大概是什么样的？"我直接对着父亲发问。

爸爸一直低头，完全没有与我的目光对视，听到我提问，他缓缓抬头。

"我们性格一直不合，吵吵闹闹，就自然分开了。"妈妈插话，似乎又为了堵住爸爸的嘴，爸爸的头再次低下。

"我承认，离婚后我确实不希望孩子见爸爸，你也看到的，爸爸就这样，在单位还挺正常，在家里就三个棍子打不出一个屁。孩子现在长大了，爸爸又很少看到她，每次见了面都百般宠溺，我在家对孩子要求很严，这样孩子就有对比，孩子会觉得'爸爸好，妈妈不好'，我不希望这样，但自从孩子出现问题，我才开始鼓励她多接触爸爸。"

"哦，为什么呢？"我有些疑惑。

"因为当时我们在接受心理咨询，我也意识到了我自己的很多问题。"

"爸爸还有什么要补充的吗？"我再次转向爸爸，希望他能对我说些什么，关于孩子也好，关于他自己、他们的夫妻关系也好，然而，爸爸却低头欲言又止。

"你想说啥你就说嘛，你不说我也不知道你是咋想的。"妈妈皱着眉头，用带着东北的口音冲爸爸嚷着。

沉默了几分钟，爸爸终于准备说话了。

我其实非常期待一个在家里没有话语权的人发言，因为这可以从不同的视角看到问题的全貌，同时也有可能促进当事人的反思。

憋了半天，我以为爸爸会给我一些特别的叙述，但爸爸却说："跟她说得差不多。"

哎，我在心里重重地叹了口气，这个在单位正常的男人在这个女人面前完全表现不出他的正常，家里女主人的气势直接击碎了一个男人作为丈夫该有的力量。而咨询室里三个人的交谈，最终变成了两个人的交谈，很多时候我都感觉不到这个中年男人的存在。

我又提出了一些开放性的问题："今天妈妈说了很多，我最后想听听爸爸对心理咨询有什么期待？您希望我在咨询中能达成什么样的目标？"我鼓励爸爸发言。

"我莫得啥子说的，都听她的。"爸爸一口地道的四川话。

"我希望孩子今年9月能够顺利回到学校上学。"妈妈说。

我明确告诉孩子的父母，所有的心理咨询师恐怕都没有办法做出让辍学孩子顺利回到学校的承诺。在我已有的经验中，不去上学的孩子经过一段时间的治疗，有一部分能顺利回到学校，确实也有一部分暂时没有回到学校，虽然这部分孩子短期内没能回到学校，但他们也通过咨询对自己形成了新的理解，慢慢发现了自己的优势与特长，在通往人生的另一条路上不断自我实现。我们的咨询目标如果一旦放在"让孩子回到学校"，很有可能孩子会把我视作父母的同谋，丧失对我的信任，最后让咨询和目标背道而驰。

"等我和孩子先谈一次，看看孩子对咨询有什么期待，我们再来制订一个合理的咨询目标可以吗？之后我可能还会因为孩子的问题约见你们，尤其是妈妈，可能会单独参与咨询，因为妈妈单独和孩子生活了十多年，对孩子的影响应该还是比较大的，希望妈妈能够理解。"

两人都表示同意后，便起身离开了咨询室，妈妈优雅地换鞋打招呼并走在前面，后面的爸爸向我点头示意后始终低头不语，他们的背影让我觉得有些莫名的心酸和遗憾。

三

自我认识是后天产物，是受社会条件制约的。对自我的认识，从形式上来说无非几种：自我观察、自我评价、自我体验、自我监督和自我控制，自我认识的偏颇往往是造成自恋的部分因素。见过了娜娜妈妈——其实在见到娜娜之前，我已对她的性格特征有了基本的想象。

第一次见面的瞬间，娜娜的美确实让我有些惊讶，无可挑剔的五官简直与漫画中的人物如出一辙，瘦削高挑的身材、眉间整齐的刘海和一头乌黑及腰的长发、一双忽闪忽闪的大眼睛、挺直的鼻梁、标准的瓜子脸，美得让人感觉到有那么一点不真实。客观来说，她的父母看起来貌不惊人，她却遗传了父母所有的优点。

我还发现她很用心地化了妆，头发微卷，戴着蓝色的美瞳，大冬天穿着洛丽塔风格的裙子和一双打底裤，我不由自主把暖火炉往她那边拉了拉。

"我不冷，已经习惯了。"她看到我的举动冲我笑了笑，"我说点什么呀？"

"你想说什么都可以。"

"我也不知道说什么呀！"她用手撩起自己从耳朵旁故意撩拨出的一缕长发，眼神里充满了自信。

"你的裙子很漂亮，这是你平时的风格吗？"

"你是真的觉得漂亮吗？"她显然很惊讶，认真地盯着我看，"我以为你们这个年龄的人不会喜欢。"

职业的缘故，我在咨询室见过各种不同风格的青少年穿搭：洛丽塔、JK、汉服、Cosplay各种角色，孩子们还都能给我讲出衣着的设计亮点。说真的，刚开始的时候，这些"奇装异服"确实对我的审美发出了挑战，只是见多了也就见怪不怪。

她的这句提问中"真的"两个字瞬间让我找到了切入点，我仔细端详着这个端端正正坐在我面前的她，我知道，一个喜欢展示自己外在的漂亮女孩大概率自恋水平是比较高的，而她们，其实往往并不适合得到太多肯定与赞美。我没有正面回答她的问题，向她抛出了另一个问题："你妈妈怎么看你的服装风格？"

"她一开始并不接受，但是我要穿，她也没办法，现在就只有接受了。"

"你平时都是这样的风格吗？"

"我的风格比较多变，洛丽塔和JK我都很喜欢，还有汉服，只是穿得少一些。"她自信的表情配上她美丽的外表，在任何人看来，大概都是百看不厌的，这一点从我见到她的第一眼我就非常确定。

"能说说你为什么来我这里吗？"我迅速把她拉回到咨询上来。

"我妈让我来的呀，她觉得你能帮到我。其实我的上一个咨询师也挺好的，但是我不想和我妈同一个咨询师，这让我太没有安全感了。"

"在我这里你可以放心，没有经过你的同意我不会告知你的父母任何你需要我保密的内容，除非你有自我伤害的想法或者行为。"我语气平和地对她说。

"我的上一个咨询师也这么说，我其实很喜欢她，她非常漂亮，对我的帮助也很大。"

听到这句"非常漂亮"，我不由自主在心里把自己和娜娜的前任做了一个对比：我肯定算不上漂亮，我会不会令她满意呢？我的心里好像有点小忐忑，似乎又有点激活了我和另一个咨询师比一比的斗志。我迅速觉察了自己的感受，想起娜娜妈妈在第一次咨询中给我带来的感受如出一辙。

我立刻清醒过来，因为我知道，当来访者在咨询师面前谈论上一个咨询师的时候，是我们特别需要警觉的地方：她究竟是在把上一个咨询师理想化，还是想用上一个咨询师来贬低我？我在心里留下了一个疑问，有待后面去澄清。

"既然感受很好，那你完全可以留在上一个咨询师那里，让妈妈换到我这里啊？"

"哎，算了，我其实也想尝试一下不同的风格，再说她也没有达到我的预期啊。"

她的语气很有意思，让我仔细琢磨了一下，毕竟刚在我面前表扬了"前任"，现在又这么迅速地贬低前任，我又不禁担心她会不会将来在另一咨询师的面前贬低我。

"你的预期是什么？"我依旧语气平和，只是平静地跟随她进行提问。

"我想回学校啊，但是之前才去了不到一个星期我又不想去了。"

"为什么呢？"我问道。

"我也不知道啊，所以我也想换个咨询师试试。"

她的话语中总是带有很多的语气词，特别是"啊"字，引起了我的注意。

我突然感觉我正在被一个小我20多岁的孩子挑选，挑中了似乎我应该有某种荣幸，咨询进行没几分钟，她也成功地促成了我和她的上一位咨询师展开"竞争"，这小女子的功力果然被妈妈训练得炉火纯青。

我的专业素养让我瞬即理解了她：我的这种被比较和竞争的感觉就是她在母亲面前的感觉。

第一次的咨询重在建立关系，我没有对她进行面质和澄清，也没有更深入地刨根问底。

"跟我说说你最早为什么要接受心理咨询呗。"

"因为我抑郁了呀。我高二上学期上了一个月不到就不想去学校了，然后我妈带我去医院检查出了抑郁症。"

"如果我没有记错，你妈妈第一次来的时候给我的诊断单并不是抑郁症，只是量表显示有中度焦虑和抑郁，抑郁和抑郁症是两回事哦。"

"我觉得我就是抑郁症，一坐进教室就感觉非常窒息，莫名其妙想发火砸东西，和老师吵架，不自觉地破坏了很多同学的关系，上课听不进去，对很多东西兴趣降低，这都是抑郁症的典型症状。"

"你好像很了解抑郁症啊，那你认为你的抑郁是怎么得的呢？"

"我也不知道，所以才要心理咨询啊。"

"通过前面两个咨询师，你是怎么理解自己症状的？"

"就是我妈管得太多，把我压榨得太厉害了，我现在是在反抗她。"

"你的意思是说你在用不上学的方式反抗她。"

"可能是吧，我也不知道呀，我现在只希望能尽快回到学校，我毕竟还是想考个好大学的。"

"哦，你想考哪个大学？"

"暂时没想过。"

"你将来想从事什么样的职业呢？"

"我想当个心理咨询师，很美的心理咨询师。"

"心理咨询师可不能太美，太美会转移来访者的注意力的。"

"我就要很美，我的上一个咨询师也美啊，我要成为最漂亮的女心理师，成为你们最大的竞争对手。"她哈哈大笑，似乎在开玩笑。不过弗洛伊德说过，所有的玩笑都有几分认真。

大约90%的青少年来访者在接受心理咨询的过程中都动过想成为心理咨询师的念头，但是他们之所以想学心理学的原因都是心理咨询帮助了他们。今天我却第一次听说想成为心理咨询师的原因居然是要"竞争"。这样的孩子一旦在竞争中失败，容易拥有比其他人更多的挫败感。不去上学会不会和竞争失败带来的自恋受挫有关？我需要进一步了解眼前这个孩子。

四

每次与来访者第一次见面，形成短暂观察和第一形象后，咨询师通常会进行初步的假设和判断，以促使个案概念化。这是一种对症状的理性剖析，不能轻易评判，不能武断，需要为下一阶段的治疗做好铺垫和连接。一个人形成自我认知的早期来源于镜像时期。在9—18个月大的时候，被抱到镜子前，他们往往会吃惊于镜子中的自己，他们在镜子里看到我是谁。父母也是孩子的一面镜子，孩子最终会通过父母和他人的眼光来确认"我是谁"。咨询师也是一面镜子，这面镜子的功能首先是"平静地照见"。与娜娜的见面，以及与她互动的过程中，我知道我不需要向她表现自己的专业，我需要的是照见与等待。

第一次咨询后，娜娜的妈妈告诉我孩子对我的印象还不错，愿意接受更长程的咨询。当妈妈在微信里告诉我"我孩子对你印象不错"的时候，我却产生了被她们挑选的感觉。

见面前我已经知道娜娜妈妈因为家族传承的"要强"，深深影响着娜娜。几次咨询后，娜娜对我越来越信任，内心的世界逐步向我敞开，从她的描述中，更加清晰地明确了这个判断。

小学时，娜娜和另一个女同学常常是班级的一、二名，每次考试后妈妈总要拿自己和这个同学比成绩，并且不允许娜娜输给对方。除了成绩，还有爱好，娜娜的爱好也成了妈妈比较的内容，而所有的比较娜娜都不能输。

"我曾经为我的祖辈闯关东而自豪，我还曾经在班级的午间分享会中和我的同学们介绍这段经历，但是我发现后来我越来越讨厌我妈说这事儿，我甚至很讨厌听到'闯关东'这三个字。"娜娜的眼神里突然充满了惆怅，这是她的困惑，也是她的枷锁。

"这种既荣光又厌恶的感觉像什么？"我想和娜娜进入隐喻的层面去交谈。

她毫不犹豫地回答："这三个字就像孙悟空的紧箍咒，我想摆脱却无力摆脱。"

"你现在长大了，完全可以不用这三个字来约束自己，为什么你说自己无力摆脱呢？"

"因为我妈太强大了，她拿这种所谓的精神鼓舞自己，她没有读过全日制大学，但是她在事业上相当成功，她经常说她的下级都是985、211毕业的研究生，她太强了，我根本摆脱不了她。"

"你妈一开始很不喜欢你穿洛丽塔风格的裙子，你不也很有力量地反抗她吗？而且，你现在身高已经快超过你妈妈了，能不能摆脱这个紧箍咒不应该是你妈妈说了算，而应该就像你的穿衣风格一样自己来决定。"我想激发出这个孩子的力量。

娜娜愣住了，她似乎从来没这样思考过，或者说，从来没有人跟她说过如此不敢想象的事。

趁她还没缓过神，我赶紧补了一刀："可以试想一下，如果我们从小没有被灌输这种'闯关东'的精神或者我们的生活中没有如此高强度的竞争和比较，今天的生活可能会有什么不同？"

她立刻回答："不行，绝对不行，就算我妈允许，我自己都不允许，不，我妈绝对不会允许。"

孩子的防御瞬间被激发出来，我没有继续提问。在这样一个被高度比较和竞争中长大的孩子，妈妈从小到大对娜娜提出的外在要求慢慢内化成了娜娜的自我要求，这就是她自己无法接受"生活中没有竞争和比较"的原因。

我继续挖掘问题的根源，让她谈谈自己的情感经历，友情、恋情以及和老师的关系。我推断，她不想去上学的根源在于学校，学校里一定有让她自恋或者竞争受挫的痛苦。

娜娜犹豫了半天，终于抬起头对我说："我不喜欢学校老师，有一次因为我生病，一周没有去学校，我们英语老师要求背的课文我背不了，她把我叫到办公室说背不熟练不准回家；化学老师明明知道我化学不好，上课总要点我回答问题，我觉得他在针对我；最可气的是我们的数学老师，就因为我上课走了一下神，他居然在课堂当着全班同学的面说'漂亮是不能当饭吃的'，我当时就和他吵起来了，我说：'我说过我把漂亮当饭吃了吗？'他让我站到教室最后一排，我一怒之下就离开了教室。"

对于那些不自信的来访者，我们一般会放大他的优点和能力，但是对于自恋水平高的孩子，我们需要小心翼翼展现更为客观的现实。

"你第一次不是说要当一个漂亮的女咨询师吗？这算不算把漂亮当饭吃？"

"我觉得你说得没道理，我当咨询师是靠本事，不靠颜值。我本来就漂亮，这是无法更改的，总不可能让我去毁个容，故意展现姐不靠颜值靠才华。"她的偏激让我想起她对老师的评价。

我隐隐有些担忧，一个总是忍不住释放自己美貌信号的咨询师会引发来访者的色情性移情，把咨访关系推向危险的边缘。

她突然小声嘀咕了一句："都是白痴。"我觉得这个"都"一定是把我也包含进来了。

"当我听到你说白痴的时候，我的心里非常不舒服，我有一种被你贬低的感觉。"

"郑老师，您别误会，我说的是刚才的那些老师。"

"当你在说老师是白痴的时候，我的内心也有一点不舒服，因为你在我的面前随意评价你的老师，我也会想你会不会在你的家人或者朋友面前也这么评价我。"她习惯性地用右手理了理刘海，摆摆头，不知道摆头是代表否认，还是为了刘海看起来更顺滑。

"当一个人把外表当作自信来源的时候，其实特别脆弱，这意味着她没有别的足以让她自信的本钱。也就是说，当有一天你不再把自己的漂亮挂在嘴边，也不再每次见我都这么精心打扮、在咨询中随时整理自己的头发，你才会有真正的自信。"

她看了我半天，没有说话，心里一定还在说我白痴。

我不想错过这样的时机，继续提问："你能告诉我阻碍你去学校的主要原因有哪些吗？"

"学习压力、数学老师、英语老师，还有和女生非常复杂的关系。"

"那么，我来归纳一下，其实主要原因只有两个，一个是学习压力，还有一个是人际关系。"我帮娜娜进行了重新分类。

▼ 咨询师手记：

我们需要帮助来访者把看起来很多的麻烦悄悄动个手脚，

把更多的问题归纳为更少的问题，给予来访者"困难没有我想象的多"的心理暗示，对改变更有信心，为下一步的改变做好积极的心理准备。

"学业压力和人际关系对你的影响占比各是多少？"

这里使用的是焦点短程治疗里的经典技术——量尺技术，我们可以通过量化来更直观地看到来访者面临的最主要的障碍。

量尺技术还有更多不同的用法，比如让来访者为实现目标的信心打分，为了让来访者有更深的感悟，甚至可以让来访者画一把尺子，标明自己目前所处的位置。再配合一些经典提问，比如：如果你的信心可以增加一分，你觉得可能是因为发生了什么？

"学习2，人际关系8，哦，不对，学习1.5，人际关系8.5。"她的回答其实还是让我有些吃惊的，学习压力对她而言本没有我以为的多。

"那我能不能这么理解，如果人际关系的问题解决了，阻碍你回到学校的困难其实就已经解决了一大半？"我试图把她纠结的问题展开。

"算是吧，我最不喜欢的是数学老师，他让我太没面子了。"

"哦，那好，我们再来细分一下。在所有的人际关系中，各个老师和同学的占比各是多少？"

"数学老师6，英语老师2，和女生的关系2。"

"那就是说如果数学老师的问题解决了，人际关系的问题就解决一大半了。"

"应该是这样。"

"那我们就先来谈谈数学老师的问题吧。"

▼ **咨询师手记:**

咨询中来访者要解决的问题可能不止一个，但是我们的咨询目标要明确，一般首先解决影响最大的那一个。

通过不断澄清，娜娜也看到了主要人际关系的卡点，表面看似是数学老师的问题，其实娜娜更深层次的人格模式才是问题的核心。

五

咨询数次，娜娜对我越来越信任，我和娜娜的讨论不断持续深入。我对娜娜进行了认知方面的调整，她意识到老师的本职工作和自己的过度甚至敌对反应的行为来源于自身的挫败感。当然，娜娜的敌对，我也未能幸免。

任何咨询都有可能出现爱和依赖的正性移情，自然也会出现愤怒、敌意和轻视的负性移情。我和娜娜的"蜜月期"后，娜娜又进入了对我的负性移情阶段，负性移情很容易激起防御，她会回避甚至讨厌我，这又给咨询带来很大的困难，甚至陷入僵局，这些都是我一开始已经预见的。

来访者的负性移情早晚会来，这也恰好是治疗最关键的地方。面对来访者的迟到、攻击、怀疑，咨询师需要觉察自己是否接得住来访者的情绪，如果感觉有困难，咨询师需要寻求督导的帮助。

有一段时间，她开始迟到，不遵守咨询的时间，甚至认为我的咨询对她完全没有帮助，直接告诉我想换到原来的咨询师那里。她和妈妈的紧张关系逐渐在我和她之间上演。

咨询中严格的时间设置和我毫不留情的时间扣除，激活了她对妈妈控制的愤怒，她说我很无情，眼里只有钱，但上一个咨询师不会那么对待她。她故作平静地通知我，这个疗程结束后还是准备换到上一个咨询师那里，还让我不要多心。

咨询时间的严格设置在这里一方面象征着高度控制的母亲，一方面又代表着外界的规则。如果能遵守咨询中的时间设置，回到学校才会对学校和老师的规则适应良好。

我并没有觉得惊讶，这种情况发生在她身上是极为正常的。

就是在娜娜产生强烈情绪反应后的第二次见面，我**面质**了她，也给了她一个解释。

〈心理术语〉：**面质**

面质是心理咨询中的一个重要技术。面质顾名思义就是当面质疑。当来访者的言行不一与咨询师的意见不一致，咨询师就会使用面质技术。面质技术的目的是激励来访者放下自己有意无意的防卫心理、掩饰心理，来面对真实的自己和现实。

我告诉她，她在第一次咨询就向我谈起了前任咨询师，在后面几次也会谈到前任咨询师，谈到自己想成为心理咨询师和我"竞争"，其实是在重现早年"被比较""被高度竞争"的体验。至于再次提出要换咨询师，表达的不是对我的愤怒，而是对另外的人未曾表达的愤怒。

娜娜的神情是复杂而不解的，我以为她会继续与我争执不下，但她没有。

在她离开前，我告诉她："换咨询师是你的权利，你有权为自己做出选择，但我觉得很遗憾，因为这个时候恰好是改变自己最好的机会。不管换或不换，只要你有需要我都在这里。"

▼ **咨询师手记：**

这个时候是来访者和咨询师进行博弈的时候，咨询师稳定的情绪和涵容的功能，会让来访者对自己产生新的思考。

她离开时的背影让我记忆犹新，举手投足间与第一次会面时的状态判若两人，当时的我并不知道她是否还会再次出现在我的咨询室，但我能给她的，能帮她的，都不会因为她对我的态度和对我的敌意而减少分毫。

如今这个时代，每个孩子都如众星捧月般存在，绝大多数的孩子都是在自恋的环境中长大，临床中我们也常常遇到因自恋受挫产生的抑郁。这些青少年在家里意气风发甚至颐指气使，但同样的态度带到家以外的地方就会频频受挫：对于青少年而言，考试成绩不理想和人际关系的紧张往往是造成自恋受挫的原因。过于自恋会导致同学不喜欢，甚至老师不喜欢，这样的孩子会加深"外界对我不友好"的内在感受，从而导致与外部世界的规则产生巨大冲突。这些问题娜娜都遇到了。

她最终选择了留在我这里，我猜想她一定经过了一番激烈的思想斗争，如果走，她又再现了过去的模式，而留下则是她打破模式的开始。从那以后，娜娜再也没有迟到过。

娜娜的抑郁从某种意义上来说是一次机会，让母女俩看到了各自的问题所在，并在和我的关系以及她们彼此的关系中不断修正和疗愈。

那个初秋，娜娜顺利返回了学校，选择了复读高二，学业压力依然存在，但我们已经讨论了应对方式。面对老师，偶尔还有心理阴影，但她已经能迅速觉察，并做出调整。开学后，面对身着校服的她，我也会由衷赞叹"真美！"

静谧的初秋，炎热慢慢散去，花瓣轻轻飘落，不再为头顶的烈日而焦灼，不再和群花争奇斗艳，也没有悲伤落寞，这或许才是一朵花最美的时刻。

被隐藏的欲望

一

大约半年前，因高考考前焦虑，小A来到我的咨询室，我和小A一起交谈不超过10次，之所以对她印象深刻，是因为临考的前一天晚上其他学生都在拼命地临阵磨枪，而她却在我的咨询室里，这种情况是很罕见的，在我的印象中，似乎只有小A一个人。

收到大学录取通知书顺利进入大学后，她的妈妈曾通过微信与我联系过两次：第一次是告知孩子已被上海某985大学录取，表达感谢；第二次是告知孩子进入大学后遇到考试偶尔还会紧张，但是症状已有所改善。很多来访者结束咨询后依然会偶尔发微信告诉我现状，听到小A目前的状态，我非常高兴。

一天下午，我在送走一个预约来访者后，看到了手机里小A的留言，说把我推给了一个校友，这个校友需要寻求心理帮助。好友申请通过后，这个名叫小斐的孩子并未主动与我沟通过，这个微信好友便安静地待在我的微信里。

在临近春节的1月，小斐突然联系我预约咨询的时间，因为她加我好友的时间已经过去太久，我一时没有想起她是谁，以为是某个孩子的家长，便在微信里打字"请告知孩子全名、性别、年龄"。收到的回复却是："老师，我是小A的同学，女生，快18岁，是我自己咨询，还请老师帮我保密。"收到信息我才发现她是一个未成年人。

"你父母知道咨询的事儿吗？你是未成年人，必须经过你父母的同意我才能为你提供咨询。"一方面，我的咨询费不便宜，一个大学生除了生活费，应该很难拿出这么多钱，我担心背后另有隐情。另一方面，未成年人的咨询我必须与监护人进行核实，还需要和监护人签订心理咨询知情同意书以规避法律风险。

"我妈妈是知道的，如果您不放心，我可以让我妈妈加您微信。"在她的推荐下，她妈妈随即加了我的微信，我通过好友申请后，妈妈立即给我发了很多条语音，每条语音几乎都将近60秒，我深深感受到妈妈的急切心情。妈妈说的虽然是普通话，但是通过口音我判断出妈妈应该是江浙一带的人。微信语音大意是觉得孩子进入大学后学习就不像高中那么努力，妈妈认为孩子想接受心理咨询的主要原因是孩子在高三的暑假已经规划了五年后考研，但是进入大学后发现同学之间的竞争比高三还要"内卷"，感觉自己考研希望渺茫，失去了刻苦学习的动力。妈妈在微信里很担忧地说，现在本科毕业是找不到合适工作的，而且医学需要学习的内容特别多，考研的竞争压力更大，如果现在不努力将来就考不上研究生，考不上研究生就读不了博，毕业后哪怕留在上海也找不到好工作。雅思要过7.5分，这样才有机会考国外的硕士……希望我在咨询的时候能够给孩子植入这些社会现实，增加孩子的学习动力。

听完妈妈的唠叨，我有一种压迫感，或许是从妈妈的话语中感受并理解小斐在学业方面的压力，或许是来自小斐妈妈对我的极高期待，我似乎觉得小斐能不能考上硕博，和我的咨询水平有很大关系。

我直言不讳地告诉妈妈我感受到的这种压力，并明确告知小斐妈妈，父母的咨询目标不一定是孩子的咨询目标，因为小斐才是我的来访者，我只能围绕小斐想要解决的问题和目标去开展工作。同时我会评估孩子目前的各种压力，当然也包括学业压力，适时进行干预，还告知妈妈，心理咨询并不能解决所有的问题，希望妈妈能有一颗平常心。

作为一名心理咨询师，我们有很多类似的经验：父母认为孩子咨询的问题往往并不是孩子想咨询的问题。

特别是小斐，她是单独与我联系的来访者，在我的要求下，她才让妈妈与我联系，这和以往家长要求孩子咨询的情形不同，孩子主动寻求咨询，并单独联系咨询师，通常只代表两种情况，要么他们想咨询的事与父母相关，要么非常隐私，不想让父母知道。

妈妈又接二连三发来了很多语音，我不得不直接打字给她："我的微信平时只用作预约，我不会在非咨询时间解答问题，这是为了确保我的私人时间不受到干扰。但是在孩子第一次咨询结束后，除了孩子要求保密的内容，我会向父母反馈孩子的整体情况，如果在咨询的过程中有需要和父母沟通的，我会和父母单独约时间，希望妈妈可以理解。"

在咨询前，我需要监护人签署一份知情同意书，我请妈妈详细地阅读，如果妈妈认可，需要签字并拍照回传给我，这是多年来作为心理咨询师的原则和习惯。同时，咨询前与监护人达成共识是非常有必要的。

作为一名心理咨询师，我有非常清晰的边界。

二

第一次与小斐见面之前，我对她的了解并不多，她咨询的内容和目标我都没能提前掌握，这种情形也并不多见，我猜想，小斐的父母与孩子的沟通应该并不多。

小斐是和她的"女朋友"一起来的。直到见到小斐，我才知道她为了这次咨询专程从上海飞到成都，当然她说也顺带旅行。

她是上海本地人，而之前小A所说的，小斐在成都的朋友需要咨询，显然是小斐向小A隐瞒了实情。

让我疑惑的是，上海的"精卫中心"全国有名，小斐为什么会舍近求远？

根据咨询的需要，我让她的女友在外等待。因为咨询室外是一个半露天的露台，时值冬季，走廊里略带寒意，小斐很担心女友受凉，一边换鞋一边对女友说："要不你到楼下的星巴克等我吧，这里太冷了。"

女友微笑着回应："没事，我一会儿如果冷就去咖啡厅，我给你微信留言，你结束了就微我。"

小斐进入咨询室，关门的刹那再次对女友说："你快下去吧，走廊太冷了。"

女友回应："没关系。"

两个人站在咨询室的一里一外相互嘘寒问暖，我已经大致猜测到了她们的关系。

小斐个子不高，戴着一个造型时尚的绿框眼镜，马尾很随意地扎在脑后，很有设计感的中长黑色羽绒服搭配质地优良的黑白相间的千鸟格围巾，一双UGG的灰色短靴，绿色普拉达的斜挎三角包和镜框的色彩相互呼应，这是一个很时尚且精致的女孩。

她走进这个面积不大的咨询室，认真观察着我这里的一切，很多来访者其实并不关注咨询室里的装潢装饰，而她，几乎仔细地看了所有的物件——看了看眼前的沙发，轻轻抚摸沙发的扶手后坐下，眼神却仍在四处环顾。

"哇，你这里好美，这个沙发我曾见过，这是一个设计师品牌。"她的评价让我更加清楚眼前这个女孩虽然年轻，却很有品位，且眼光独到。

我向她微笑点头。

我刚好给自己磨了一杯咖啡。

"可以给我来一杯吗？"小斐很大方地发出了请求。我一般不会给来访者喝咖啡，因为多数来访者都受失眠的困扰，咖啡会导致交感神经更为活跃。

"你睡眠好吗？"

"不好，但是不喝也不好，所以喝和不喝都一样。我喜欢咖啡，我爸爸对咖啡蛮有研究，我家有一个中岛，上面全部是各种咖啡机和器具，我爸蛮舍得在咖啡器具上投资。我寝室有一个奈斯派索（nespresso）的胶囊机，同学们经常蹭我咖啡，我卖她们5块钱。很多人说咖啡会影响睡眠，但是我不喝会很难受。"

小斐很大方地从沙发站起来，完全没有初来乍到的拘谨。

"为什么是5块钱啊？"我一边好奇地问，一边往机器里加豆子。

"一颗胶囊差不多5块，是同学主动给的，她们不想占我便宜的。"她边说边走到我的咖啡机旁，"哦，是德龙的牌子，我家原来也用过，现在我爸都喜欢用半自动的，有时候也手冲，他说这样更有仪式感。"

"看来，你爸爸是一个很会生活的人，我很认同他的观点，生活需要仪式感。"

"我爸爸在咖啡上蛮舍得投入，他说别人买茶具，他用买茶具的钱买咖啡机。"她边观察我的咖啡机，边无意间谈起她的爸爸。

短短的时间，小斐跟我提了无数次爸爸，看似漫不经心的交谈，我已经开启了观察模式。

"我当时其实也想买半自动的，半自动颜值更高，但是我的时间不允许，也许等我老了也会买半自动的机器，没准儿也会手冲。"我话音一落，她故意打了一个寒战："哎呀，我才不要老。"

我从密封罐里舀咖啡豆，小斐问："这是哪里的豆子？"

"我还真没研究过是哪里的豆子，我只认牌子，我还有星巴克的豆子，都是重度烘焙，你想喝哪种？"

"都可以，意利（illy）的口感很好的，就这个啦，不要糖和奶。"

我笑了笑："我这里还真没有糖，我也不喜欢带糖的咖啡。"

"咖啡放了糖就会失去它本来的香气。我爸爸说要拿出品酒的态度品咖啡，闻香。"

见小斐如此专业，我特意从橱柜取出从日本带回的一款设计师咖啡杯。

"哇，好美，很少有人用透明的咖啡杯，其实透明的咖啡杯更能看到咖啡的色泽，这样就色香味俱全了。老师你这里宝贝可真多，我爸爸肯定也会很喜欢你这里的。"

小斐的赞美和认同是发自内心的，让我更加留意的是，她又提了一次爸爸，几乎每次交流，我都能从她的身上看到爸爸的影子，看来她对爸爸有着不一样的情感浓度。

我指了指杯子上的图样："这个杯子上有很多飞鸟，我喜欢它是因为它看起来很自由。"端着香气扑鼻的咖啡，我们面对面坐下来。

"好了，现在是我们的coffee time，你想跟我聊点什么？"

突然，小斐的手机响了一下，有微信进来，她打开微信看了一眼说："是我女朋友，她也去咖啡厅喝咖啡了。"她随即不好意思地笑笑，"你不会对我另眼相看吧？"我当然知道她想表达的意思。这是个问句，但是她表达出来后完全没有对提问的期待，似乎只是在传递一个身份的信息。

"当然不会，不过如果你愿意的话，也可以和我先聊聊她。"但我相信，生活在开放度极高的"魔都"，小斐绝不会因为性别认同的原因从上海来成都。

"我和她在一起挺好的，同学们都很看好我们。"简短的一句话略过，小斐突然眼中暗淡无光，"其实我今天来，不是谈她，是想谈爸爸。我爸出轨了，我妈不知道。"她低着头，声音也很低沉。

又是简短的一句话，和刚才跟我谈咖啡、谈室内装饰完全判若两人，当时的兴高采烈和滔滔不绝完全掩饰了她内心的阴霾。

职业的原因，我见过类似的案例，我知道，父母单方面出轨如果被孩子知道，绝大多数孩子会选择为父母保守秘密，但这会给孩子带来极大的心理压力，我在想小斐是不是也是类似的问题。

她沉默了一会儿，继续说道："他不是现在才出轨的，我在小学五年级的时候就发现他出轨了。"

"你是怎么发现的呢？"我询问道，通常10岁左右的孩子，猜测往往会有偏差，我需要进一步确认。

"我妈妈是做奢侈品牌销售的，又漂亮又时尚，她看起来比同龄人小10岁，我背的这款包是她们的过时款，但妈妈觉得好看，就给我了。有一次我妈妈出差，家里没人做饭，爸爸把手机递给我叫我自己点外卖，我点好外卖随意翻了翻爸爸的手机，我看到了我爸爸和一个阿姨的合影。我爸爸穿了一件卡其色风衣，那个阿姨也穿的是卡其色西服，戴了一条豹纹的围巾，我爸爸搂着她，他们显得非常亲密，我觉得自己都不能呼吸了，又很紧张，在慌乱下我把这张照片删除了。大概一周后，我把爸爸放在衣柜里的这件风衣扔了，估计爸爸到现在都不知道照片是怎么不在的，他后来还问我妈妈有没有看到他的风衣，没想到他自己后来又买了一件一模一样的，难道是因为和那个女的合影让他很难忘？我看到他又穿一件一模一样的，对爸爸失望极了。

"我上初中开始就看了很多心理学的书，人的亲密感可以通过肢体语言和物理距离来传达，这些无意识的行为都直接指向他们的关系不一般，那个女人占了我妈妈的位置。"

"好吧，我们假设你的分析没错，那么，你觉得这件事对你的影响是什么？"

"我当时心里非常难过，我觉得爸爸背叛了妈妈，背叛了我。"她有些沮丧。

但我觉得事情远远没有这么简单，于是追问道："可是，我想问问，你五年级就已经发现了，为什么今天才寻求心理帮助呢？"

"就在我加您微信的前一天晚上，我发现我爸爸不仅这一个女人，我觉得他应该是和多名女性有性关系，我实在受不了了。那天我差点绷不住了，当时就想跟您约网络咨询，但是我大脑里又有一个声音告诉我'把这种情绪压下去、压下去'，于是我就一直等到现在，我觉得我应该是得了抑郁症。"不停地有专业的判断和专业的词语从这孩子的口中说出来，我觉得她知道的，或者她压抑着的，绝对比她说出来的这些还要多很多，我要做的就是先了解她心底深层次的困惑。

"那么，你能告诉我抑郁症有什么症状吗？"

"心境低落。我常常心境低落，已经有很多年了，有时候想起这些事我就整夜整夜地睡不着，失眠症状也有，我也有自伤行为，就是最后一次发现爸爸和外面乌七八糟的女人有染的第二天，我用妈妈的眉笔刀划了自己的手臂。我常常有自伤的想法，感觉是从初中开始的，高中的时候尤为强烈，我还是告诉自己要把这些想法压下去。"

我非常理解小斐内心的痛楚，我确信爸爸深爱着她，她也深爱爸爸。她怎么都想不出爸爸会做出背叛家庭的行为，这对于一个生活阅历不足的未成年人而言无疑是一个巨大的打击。

最关键的是，这个孩子还要独自保守这份巨大的秘密，为了保持完整的家庭而不得不独自承受这份压力，爸爸一而再、再而三的行为不断伤害着自己的女儿。

"你现在还有自伤的想法吗？"我需要做一个自杀风险评估。

"自从我交了女朋友，这种想法就少了，但是仍然觉得自己生命的深处有一种悲哀，让我没办法真正地快乐起来。"

"你除了用妈妈的眉笔刀伤过自己，之前还有过自伤行为吗？"

"小伤那就多了，我喜欢咬指甲，常常都快把肉咬烂，我知道这是焦虑的症状，我用手掐自己很多很多次，但之前没用过刀。"

"这次和过去有什么不同，让你用了刀？"

"肯定和我看了我爸的手机有关，当时我就感觉呼吸很困难，差一点就要晕倒。我一屁股就坐在了沙发上，缓过劲儿来后就觉得自己像一只快要爆炸的气球，我再不给自己放点气，气球就会爆炸，我立刻冲到卫生间拿了我妈的眉笔刀在手臂上划了四刀。"

"你父母知道这些吗？"

"他们不知道，我妈妈当时不在家，她平时工作特别忙，我怕她担心，我很清醒地知道我只能自救，所以我才主动联系您。不过您放心，我虽然有多次自伤的做法，但我也知道自己其实不会真的自杀，我觉得这个世界总体还是很美好，爸爸和妈妈都是爱我的。"

很多孩子在自伤之前都有和小斐类似的情绪体验，比如感觉压抑、快爆炸、无法呼吸等，割伤自己后有一种被释放的快感，从而通过自伤来解决目前的情绪困扰。

"我还不是很清楚，你到底是怎么发现的，或者说，你究竟有什么直接证据吗？"我还是需要和小斐确认究竟是她的主观猜测还是幻想。

▼ **咨询师手记：**

咨询师并不能完全信任来访者的语言，来访者的记忆有时候并不可靠。我们还需要小心辨别来访者是否患有其他精神类的疾病，来访者的语言有可能是她的幻想。

"从五年级见到那个阿姨以后，我就常常会趁爸爸洗澡的时候悄悄翻他的手机，我知道他们是情人，看到了他们的暧昧信息，我还看了那个女人的朋友圈，我确定就是她。"小斐的眼泪突然流了下来。

"我发现我爸爸还和其他陌生女人有关系。"

"你是怎么知道的呢？"

"和我爸保持固定关系的这个女人，我还翻看了她的朋友圈，应该和我爸爸是同行，大概是在我初中的时候发现的，我看他们微信非常频繁，有一本正经讨论经济形势的，还有一些暧昧的聊天，我爸没有来得及删除，过了几天，我又悄悄翻了他的手机，他已经把信息全部删除了，如果他们没有特殊关系，我爸干吗要删聊天记录呢？

"我当时留了一个心眼儿，把这个女人的微信号拍下来了，但是直到今天我也没有勇气加她，可能是我自己不敢确认和面对。初中的时候我还在他的公文包里发现了避孕套，他放在不容易发现的夹层，我当时还确认了是避孕套而不是外卖的手套。我之所以这么肯定是因为我们的心理老师刚给我们讲了性教育课程，我还特意用手捏了一下，里面有一个圆圈，那个牌子和我爸妈床头柜里的那种不是同一种品牌，而且哪个正常人会把这么私密的东西带在身上呢，肯定是在外面干坏事用的。"

她用双手遮住自己的脸，声音有些颤抖。

"还有一件事我想不明白。从表面看我爸很爱我妈，我妈长得非常漂亮，据说我爸当年是在很多人竞争的情况下胜出的，追我妈也追了很久，但是爸爸居然做出这种行为，那他是不是在表演？我爸爸还经常让我理解妈妈，每次我和妈妈产生冲突爸爸都会站在妈妈那一边，我都觉得我在家是被孤立的。"

我看旁边刚好有上一个有注意力缺陷孩子用过还没来得及收到盒子里的积木块儿，让小斐用这些积木表达一下"我的家"。我们把咖啡杯挪开，小斐饶有兴致，在一堆五颜六色的积木中挑选起来。

小斐先拿了一块体积很大的大红色积木放在中间，说："这是我妈。"

在沙盘中，来访者拿的第一个东西，包括体积大的和位于中心位置的沙具都具有象征意味。

她第一个就拿了代表妈妈的积木块，看来妈妈在家里或者在小斐的心目中很有地位。她又拿了一块蓝色的积木放在红色积木不远的地方："这是爸爸。"随即拿起一块绿色的小积木："这是我。"很明显，红和蓝的距离更近，小斐又找了橙色和黄色的积木说这是爷爷奶奶、外公外婆，把红色包围在中间，绿色似乎想要挤进去，却又挤不进去。

这个简易的沙具显而易见，妈妈占据了家中中心化的位置，一个女孩是要同妈妈竞争爸爸的，爸爸每次都维护妈妈，女儿就在和妈妈的竞争中败下阵来。家里赢不了妈妈，后来还要和外面的"狐狸精"竞争爸爸，小斐的"抑郁情绪"由来已久。

佳雯解析：

孩子在家中或学校一定要有"中心化"的体验，这是一个孩子健康自恋和自信的来源。而小斐家中，中心化的位置是被妈妈占据的，对于一个青春期的女孩儿而言，她战胜不了妈妈，她也得不到爸爸。

三

停顿了许久，终于把双手从脸上拿下来："老师，就在我加您微信的前一天，学校需要家长在学校的App里填写一些资料，我爸让我自己填，我特别紧张地拿起他的手机，填好资料后又悄悄翻了他的微信，我看到一个文字留言，只有酒店和房间号，我就知道我爸外面不止一个女人，这女人还不是正经女人。"

"你如何确定的呢？"

她有些犹豫，或者说，她对这件事完全羞于启齿："因为那个头像不是之前的那个女人，而是一个低胸很性感的女人，一个有正常职业的女性不会用这么露骨的头像；其次，我翻了这个女人的朋友圈，全部是自己丰乳肥臀的自拍照，我就知道这肯定不是一个正经女人。"

我看了看她，平静地问道："也就是说，从小学五年级开始，你发现爸爸在外面一直有婚外性行为，这是你这次过来咨询的主要原因吗？"

"是的。"她很肯定地回答。

"你为什么没有选择在上海找个咨询师呢？"这是我开始时就有的疑问。

"我爸爸的人脉很广，走得远一点我会觉得更安全，也更安心，我家的事儿也请别告诉小A。"

我点了点头："你觉得是你爸爸的事造成了你的抑郁情绪？"

"是的，这是长久压在我心里很深的秘密，我时不时就会想起这件事。我五年级发现这件事以后，情绪很不好，成绩一路下滑，小升初的考试没有考好。我爸妈当时都在责备我没考好，我差一点就把这件事说出来，但是我不能，我告诉自己必须压下去，一方面觉得自己一个人承担很辛苦，一方面又觉得很委屈。初中的时候我因为自己谈恋爱，对这件事的关注就少了一点。"

"哦，你初中的时候曾经谈过恋爱？"

"是的，"小斐有些不好意思地笑了，"那时候我的确谈过两次恋爱，而且，两个都是男生。"

这是让我有些惊讶的，说明她并不是一开始就喜欢女生，很有可能她对自己有误解。"那后来怎么换成女生了呢？"

"我觉得没法解释，就是一种自然而然的发生。第一个男孩，我们是从小一起长大的；第二个，他和我同年级不同班，长得很帅，喜欢他的人很多。"她并没有详细解释，只是一两句带过。

"那你后来怎么换成现在的女朋友呢？"

"她和我是现在的同学，其实学医的人都比较开放，我们开学第一眼看到对方的时候就彼此有好感，但我从来不会主动表达。有一次上课，我们学习使用助听器，我的同学正在听我心脏的跳动，她突然从我旁边经过，我的心跳突然加速，同学们当时就在那起哄，她也听到了，本来之前我们就有点暧昧，当天晚上她就向我表白了。"

小斐在很轻松地讲这件事的时候，我在想如果她的父母知道后会是什么反应。今天的年轻人中几乎很少有人认为同性恋是个问题，这和过去的时代印象有了很大的不同，而性取向的变化在青春期阶段其实是个并不罕见的现象。

"你如何看待自己的性取向呢？"我继续追问，尽管我知道性取向显然不是小斐来找我的原因，但是这仍然是我需要综合评估的内容。如果小斐的**自我认知**协调一致，她的心理健康水平则不会太低；如果自我认知有冲突，对心理健康就会产生影响。

〈心理术语〉：**自我认知**

自我认知指的是对自己的洞察和理解，包括自我观察和自我评价。自我观察是指对自己的感知、思维和意向等方面的觉察；自我评价是指对自己的想法、期望、行为及人格特征的判断与评估，这是自我调节的重要条件。

"我可能就是喜欢女生吧。"她自己也有些不确定地用了"可能"两个字。

"可是你也曾经喜欢过男生呀？"

"我觉得那是因为他们追我，我当时并不懂得什么是爱，稀里糊涂就答应了，但是和现在的女朋友我觉得是真爱。"

一个不到18岁的小姑娘这么轻易就说出了"真爱"，我的内心确实是有点担心的。"你怎么确定你们是真爱呢？"

"我看到她第一眼就很心动，这种感觉是从来没有过的。她非常体贴，也很照顾我，她学习成绩比我好，高中的时候雅思就已经考到了7.5，本来准备出国的，后来遇到疫情，她居然用一年的时间熟悉国内高考，还考到了现在这个学校。对了，我有点懒，每天她都会监督我学习。"

"我能理解你的感受，我也没有任何性别歧视，不过我还是觉得你不要过早给自己贴标签，一个人究竟是不是同性恋至少等到20岁出头，那个时候如果你确认对异性没有兴趣，对同性不仅有性冲动，还有心理性的欲望，也就是说有两种反应，一种是身体性反应，产生快感；一种是心理性欲望，产生幸福感，两者都具备，你才能确定自己是同性恋。你在高中学过心理学，你知道有个心理学家叫荣格吗？"

"你是说那个提出集体潜意识的家伙？"

小斐确实挺厉害，她这个年龄的孩子，对心理学有如此的认识让我很是刮目相看，那我可以用更专业一些的心理学术语来和她沟通了："荣格认为，每个人的心里都住着一个**阿尼玛和阿尼姆斯**。"

〈心理术语〉：**阿尼玛和阿尼姆斯**

阿尼玛与阿尼姆斯是荣格提出的两种重要原型。阿尼玛原型为男性心中的女性意象，阿尼姆斯则为女性心中的男性意象。因而两者又可译为女性潜倾和男性潜倾。人格面具可以看作是一个人公开展示给别人看的一面，是世人所见的外部形象，即"外貌"，男性心灵中的阿尼玛与女性心灵中的阿尼姆斯可看作是个人的内部形象，即"内貌"。

我观察着她此时的表情，详细解释道："阿尼玛是男性心目中的一个集体的女性形象或者说是一个男人身上具有少量的女性特征，它存在于男人身上，起着使其女性化的作用。比如我们提到男性，想到的是阳刚坚强，但是男人也有温柔细腻偏女性化的一面。与之类似，阿尼姆斯指的是女性心目中的一个集体的男性形象。"

张贤亮就曾写过一本书叫《男人的一半是女人》，阿尼玛或者阿尼姆斯都藏得比较深，通常情况下都不会呈现出来，但是在遇到类似有相同特征的人的时候，这个部分就会被激活。

有很多人都曾以为自己是同性恋，其实这些所谓的同性恋并不是真正意义上的同性恋，比如在监狱、纺织厂等一些性别单一的群体中，很多人会误认为自己是同性恋，但是当TA离开这个单一的环境，会发现自己原来还是更喜欢异性。

"我们的确应该认真对待每一段感情，无论对方是异性还是同性。但是因为你的年龄还很小，保持对自己性别的探索就可以了，等长大了，如果那个时候你还坚定地认为自己是同性恋，勇敢做自己就好。"

我对小斐进行了很长时间的性教育，这本来并不是我们本次咨询的中心目标，但是面对眼前的女孩，我依然觉得有提醒的必要。

我说完后她点点头，若有所思。

四

在我看来，小斐的困惑并没有和盘托出，于是，我主动带小斐再次回到她想咨询的话题："我们还是来谈谈爸爸的行为对你的影响吧。你怎么看爸爸的行为？"

在我等待她给出进一步答案的时候，她突然说："老师，我对我爸爸有性欲。"

对妈妈或者对爸爸有性欲，这在咨询中很少被提起，但并不代表这种情况不存在，小斐也绝不是唯一一个。

而且，我知道她理解的"性欲"和真正意义的性欲并不是同一回事。

"你是什么时候发现对爸爸有性欲的？"

"可能在小学就有了。"

"小学大概什么时候呢？"

"应该是高年级吧。"她开始努力回忆，"等等，让我仔细回忆一下，应该是我发现爸爸和那个女人的合影以后。我记得几天后我妈妈回来，我非要和爸爸妈妈睡一张床，其实我和我妈妈分床已经很久了，那天不知道为什么非要和他们睡到一起。"

小斐在潜意识里用和父母睡觉的方式和外面的女性争夺自己的爸爸，或者她是想帮助妈妈争夺爸爸。

其实在以往的案例中，很多孩子在听见父母讨论离异时，就会不自觉地表现出一些躯体或者心理的症状，比如久治不愈的疾病、抑郁、网络成瘾、不去上学……这些症状其实是孩子在用这样的方式，让父母重新把注意力放到自己身上而暂时不去讨论离婚。我相信，当小斐看到外面的女人，内心也会有类似的担心，她用自己的无意识为父母婚姻不破碎做出了自己的反应。

"对，应该就是那天以后，我对爸爸开始有了性欲。"小斐似乎有些吃惊于我对她的引导。

我笑了笑，没有给她任何答案："那么，你现在能给自己一点解释吗？为什么那天以后就对爸爸产生了性欲？"

我相信，喜欢心理学的小斐一定能自己得出答案，而当这个答案能够被小斐解释的时候，就可以实现潜意识意识化，她对爸爸的性驱力自然也能得到缓解。

"潜意识意识化"是经典精神分析的精髓。通俗讲，意识是我们能感知的人和事，并能直接表达出来。潜意识是无法感知，但是又存在和影响我们。

举个例子：儿童期不听话就挨打的孩子，在意识的层面他知道是因为不听话才挨打，所以如果听父母的话，不反抗就不会挨打。基于这种想法，他把自己的愤怒压到了潜意识，等他到了成年期，他就用其他症状表现出来，比如说胆小，不敢在众人面前说话，在单位怕领导等，其实都是潜意识的恐惧心理在影响。

▼
咨询师手记：

精神分析的心理治疗需要把早年压抑到潜意识的东西讲出来，带到意识的层面并产生领悟，潜意识就被意识化，从而让症状得到缓解或者消失。所以精神分析取向的心理咨询师要促使来访者的潜意识意识化。

"我知道了！"小斐恍然大悟，"我是怕爸爸被外面的'狐狸精'抢走，所以那天晚上我就会用和爸爸一起睡的方式努力夺回爸爸。难怪这么多年我都会讨厌所有带豹纹的东西，尤其是豹纹鞋，那个女人那天就穿的是豹纹鞋。我还想起，从那个时候开始，我就对自己的外貌非常在意，觉得自己身高不够高，长得太胖，就总想吸引爸爸的关注。"

"是的，也许我们只是在用一种我们自己都无法理解的特殊方式来拯救家庭，也许你是在帮你妈妈吸引爸爸，你想保护妈妈，保护这个家，这不是你的错。"我用轻柔的声音说了上面的话，我知道，这才是她最需要的。

小斐的眼泪默默流了出来，边流泪边说："郑老师，谢谢您，我终于理解我自己了，我也终于能原谅我自己了。我一直认为自己很龌龊、很肮脏，我甚至接受不了爸爸跟我有肢体接触，我已经好多年没有牵爸爸的手了，这下终于解脱了。"眼泪久久停不下来。

▼ 咨询师手记：

不管小斐想吸引爸爸原因的解释对不对，我们只需要给之前影响来访者的解释进行重新赋义，尤其是当一个新的解释是由来访者自己说出来的，就会动摇之前的信念，她对爸爸的性驱力就会发生改变。

"小斐，"我轻声打断她，"我甚至在想，你之所以交女朋友不交男朋友，有没有可能是在用和女性的亲密关系来防御或者回避和异性的亲密关系，因为异性对你来说可能意味着伤害，意味着不忠。"

小斐突然瞪大了眼睛，有些不敢相信："真的吗？我怎么就没有想到呢？"

"你不需要刻意去想，所有的感情都可以顺其自然。我不反对你继续和你的女朋友交往，但是我更希望你能保持对自己性别的探索，不急于先贴标签。"

"谢谢您，郑老师，您真好。"

"我还想问一个问题，你为什么这么多年来选择替爸爸保守秘密，而没有选择对妈妈讲出实情呢？"

"我妈妈非常骄傲，因为她很美、很温柔，对家很照顾，我不希望她受到伤害。有好几次我承受不住想说出来，但是心底的那个声音又会跳出来：'不要说，压下去、压下去。'我高中的时候以为我爸爸等我高三毕业就会向妈妈提出离婚，我想在他们离婚前我一定要把这些事告诉我妈，为我妈争取更多的财产。但我现在已经上大学了，他们也没有离婚的迹象，而且我觉得我爸对我妈还挺好的，我爸爸的钱都交给妈妈的，但是他在外面又有这些行为，我简直不能理解。"

不到19岁的小斐内心有太多的疑问，她背负着巨大的秘密，这个不可告人的秘密就像一块沉重的石头压得她喘不过气，爸爸背叛家庭的行为一再让小斐受到伤害。小斐既要独自面对青春期的各种生理和心理冲突，又要努力背负这个沉重的秘密，我知道，小斐一直在强撑着，仿佛在等待压死骆驼的最后一根稻草。

其实，抑郁有时候也是一件好事，是人自我保护的一种方式，当一个人没有更好的方式来应对这个世界的时候，抑郁就成了她回避这个世界最名正言顺的理由。

面对如此了解心理学知识的小斐，我宁愿她自己找出所有问题背后的原因，这样她才能真正放过自己。

我在本子上画了一个冰山，边画边说："小斐，你听说过弗洛伊德的冰山理论吗？"我们在咨询中一般不会使用术语，但是小斐对心理学知识的掌握，用术语沟通会更便捷。

"你指的是'三个我'？"

"很好，既然你知道'三个我'，我就用'三个我'来跟你解释。"我向小斐介绍了一个人心理冲突的来源，然后问小斐，"你来告诉我，你的本我和超我是什么？"

"我对爸爸的性欲是本我，罪恶感是我的超我；我想揭露秘密是本我，拼命把这个想法压下去是超我；我想发泄情绪是本我，那个说'压下去、压下去'的声音是超我。当本我和超我发生冲突的时候，我就会出现躯体和心理症状，因为我的自我已经无法调节了。"

我不禁在咨询室为她鼓掌："你确实有学心理学的潜质。"我继续解释，"小斐，你背负着一个重重的石头，而这个石头本来不该是你的，一个人如果背负了太重又不能告知他人的秘密，对自己的心力是一个巨大的耗竭，我猜你应该无数次地想过你能为这个家或者为爸爸妈妈做些什么。爸爸的背叛、对爸爸既爱又恨的情感、对妈妈的同情，这些思想包袱都不应该由你来承担。

"我想说的是，成人的世界很复杂，成人的情感也很复杂，这不是你这个年龄的孩子能够理解的，这个世界在用一种微妙的方式维持着平衡。

"我们来大胆猜测一下，也许，你妈妈不一定不知道爸爸的行为，只是她也不想让你知道。他们为什么没有选择离婚，那是因为爸爸妈妈在用他们的方式维持着家庭的平衡，我们其实并不需要去打破这个平衡。过一种什么样的生活是他们的选择，当年结婚是他们的选择，离不离婚也是他们的选择，别人无权干预。而你，作为他们的女儿，你不需要越级处理成人世界的问题，他们是他们，你是你，你不需要承担，他们也不需要你承担，你只需要做你自己，去做当下最应该做的事就好。"

大约一周后，小斐给我发来了微信："郑老师，我们已回到上海，心情比之前轻松了很多。您知道吗，我时时提醒自己'这不关我的事'，'这不是我的错'，我得到了一种前所未有的轻松。"她随即又发来一段文字："好想转学心理学。"

小斐只做过一次咨询，对一个在心理学方面有天赋并愿意深入研究的孩子而言，引导她自愈才是一种更好的帮助。

小斐逐渐发现，自己对爸爸已经没有那种冲动的假性欲望了。她不再反感爸爸的拥抱。她告诉我，她会继续保守爸爸的秘密，但她也打算在工作后和爸爸谈一谈，告诉他一个男人的担当以及对自己造成的影响。

其实，很多我们以为的、莫名其妙又解释不通的欲望，往往是隐藏在表象背后最深的爱，正是因为爱，我们才更容易伤到自己。

某个阳光明媚的午后，我正再次拿出透明的飞鸟咖啡杯打算给自己来一杯无糖无奶的咖啡时，我再次收到了这个女孩的微信：

"郑老师，我现在已经不再去承担本不该由我承担的责任与压力。正如您所言，目前我应该把重要的精力和时间花在对自己最重要的事情上，那就是考研。不过我突然发现我很想考心理学的研究生，您意下如何？"

我回复了她一个微信里自带的微笑。

她又发来文字："郑老师，这个表情有个梗，在我们年轻人看来代表嘲讽和不屑。我知道你们中年人以为这只是个微笑。您那儿常有年轻人，建议您多看看B站，而且看B站的时候不要关弹幕哦！"

我回复："好的，外星人。"

正是从那天开始，我有了看B站的习惯，我发现现在的年轻人充满了对世界的善意和向上的力量。如果我们能时时觉察到内心的欲望，调整内心的欲望，并保持对生活的欲望，我们的世界该有多美好！

阳光照进来的地方

一

在2019年新冠疫情突袭这个世界之前，我的咨询室里就已经有这样几条我自己制订的规矩——每天早晨对咨询室进行清洁打扫以及消毒，柜子、地板都要擦拭，地毯用吸尘器清理后喷洒酒精，每个来访者离开之后，使用过的拖鞋或者鞋套都会用酒精消毒，水杯也会放进消毒柜，纯白色的地板和地毯几乎一尘不染，我是喜欢干净的，而且干净整洁的咨询室也是对来访者的一种尊重。

这天早晨，预约咨询的是一对夫妻，他们的女儿今年刚上初一，始终拒绝上学，于是他们在同事的介绍下来到我的咨询室。夫妻双方都在效益很好的国企工作，衣着非常讲究。咨询室的门口备有拖鞋和可多次使用的鞋套，两人站在门口犹豫了半天，妈妈面带难色，问我有没有一次性鞋套，我说没有，妈妈说"那我就不换了吧"，我告诉她拖鞋在每个人使用后都是要用酒精消毒的。酒精小喷壶就在门口，我顺手拿给她看了一眼，证明我说的是事实。

"疫情期间，病毒太多，就不换了吧。"她说完后把高跟鞋象征性地在咨询室门口的鞋垫上蹭了蹭，就直接走进了我白地板和白地毯的咨询室。

我心里其实还是有点不悦的，毕竟她此时的做法对其他来访者也会存在风险，不过我正好通过她的举动观察，我猜测她可能有洁癖；她拒绝接受别人的规则，性格中可能比较强势，我开始在大脑中勾勒她的画像。

孩子爸爸尴尬地笑了笑："郑老师，不好意思啊，她在家也是这样，家里的沙发没换衣服之前是不能坐的，她有洁癖。"

▼佳雯解析：

洁癖是强迫的一种表现形式，适度的洁癖对人没有太大影响，但是过度的洁癖已经影响到了自己的生活和社会功能，就一定要寻求专业帮助。

妈妈进来首先环顾了一下四周，跟我寒暄道："您这里好干净。"

听到过很多人对我咨询室的称赞，别人一般会使用"雅致""有品位"类似的词汇，而她的称赞是"干净"，一个人的关注点都是自己内心想关注的东西，这让我再次确认了她的洁癖。

她看了一眼沙发，显然入座对她来讲也有些困难。

"要不，我用酒精再喷一喷吧？"我赶紧说。

她连忙说："我自己来，我自己来。"说着她从包里掏出随身携带的酒精棉片，把沙发可能会与身体接触到的地方都擦了擦，又擦了擦面前的桌子，这才安心地坐了下来。

"你们喝咖啡还是喝茶？我这里有一次性纸杯。"

"不用不用，我们都自带的。"妈妈客气地回应。

她随即又从包里掏出自己的小茶杯，把茶几上的面巾纸"哗哗哗"连续抽出三张扔到垃圾桶，又连声说："不好意思，不好意思，我有点洁癖。"我那无辜的"头三张"就进入了垃圾桶。她随即把抽出的第四张纸连叠两次放到刚刚被她自己消过毒的茶几位置，才安心地把自己的茶杯放到上面。

我一向认为工作是生活中非常重要的组成部分，因我每天在工作室的时间很长，所以我对生活的品质要求较高，工作室使用的东西成本自然不低：哥伦比亚和曼特宁咖啡豆、碧螺春和白毫银针、沃隆干果和黑巧克力……我的面巾纸用的也是婴儿专用的云柔纸，因为很多来访者会在这里落泪疗伤，纸张的柔软舒适我觉得非常重要，而且我对来访者的任何使用从未觉得浪费。可今天，看到纸巾被她这么糟蹋，我在想她身边的人该有多难啊！

我按照惯例介绍了心理咨询的流程并签署协议后，我们步入了正题：

"请问两位，谁来介绍一下孩子的情况？"

"我来我来。"妈妈回答，爸爸在一旁默不作声。

"我的女儿刚刚小升初，第一天到学校还好，但是第二天开始连续几天说自己肚子疼，爸爸带她到医院抽血检查没有任何问题。第二周就说不去学校了，非说自己发烧了，我们量了体温正常，到医院也说正常，可她就是说自己发烧，我们又去了一家三甲医院，检查一切正常，到现在已经看过三家医院了，检查都是正常的，后来医生提示我们说试试心理门诊。我们一开始以为她在学校被欺凌了，但是和老师同学多方了解，并不存在这个情况，而且刚刚开学一周，都是新同学，不至于啊！有可能是因为她从来没有住过校，因为离家远，其实适应个把月就应该没问题。我们又提出走读或者转学，她也不愿意，她抗拒所有的学校，我们每天连蒙带哄让她去上学。不提上学她就是个正常人，一提上学就惊恐万分，然后说自己发烧，还让我们给她贴退热贴。医院心理门诊诊断为转换障碍伴随中度焦虑抑郁。在医生的建议下我们给她办了休学，医生开了药，这孩子也不吃，还做了两周的心理辅导，目前情绪趋于稳定，但是依然不去学校，所以我们就想到寻求您的帮助。"妈妈将孩子现在拒绝上学的情况详细介绍给我听，并且很客套地用了"您"。

"你们不是在看心理门诊吗？为什么又会到我这里呢？"

"我们觉得这段时间孩子虽然情绪稳定了，但是仍然没去上学啊，医院也说可以不用再去看心理门诊，但我们觉得问题并没有解决。"

"什么问题没有解决呢？"我反问道。

"她该去上学啊！"妈妈明显有些急躁。

"你们的咨询目的是要让她去上学？"我望向夫妻俩。

"当然。"妈妈毫不犹豫地回答道。

目前来看，父母的咨询目标显然是不切实际的，至少暂时是不可能达到的，但我没有立刻否定他们的想法，毕竟我还需要进一步了解孩子的情况。

不去学校的孩子正呈现出越来越多的趋势，孩子不去学校大概有以下原因：

1.学习本身的压力

2.获得父母的关注和照顾

3.糟糕的人际关系

4.不能面对落后带来的负面评价

5.家庭（父母）关系之间的冲突

"谁来跟我介绍一下孩子从小到大的经历？"

"还是我来说吧。"一直沉默的爸爸突然说话了。

"妞妞在说话方面发育比较迟缓，两三岁的时候我们发现她和同龄人相比不仅说话晚，而且口齿不清，因为表达能力欠佳，和他人无法沟通，所以院子里的孩子跟她玩一两次就不愿意跟她玩了，我们家人和她交流也需要靠手势来猜测。后来上幼儿园，也是因为小朋友理解不了她的意思，不愿意和她玩，导致她几乎没有朋友，甚至她在幼儿园还出现了动手打人的现象。我和她妈妈时不时就要去同学家赔礼道歉。"爸爸转头看了看妈妈，妈妈的表情有些不好意思。

当一个孩子无法用语言表达内心意愿的时候，就会出现焦虑或者冲动性行为，这对语言发展滞后的孩子而言，是常见的现象。

272

爸爸继续说："直到小学三四年级，妞妞语言能力才勉强能跟上同龄人，但是依然没有完全达到同龄人水平。"

"我那时候工作很忙，根本没时间陪孩子。她爸爸不爱说话，跟孩子的交流也很少，陪孩子也经常是一边陪一边在看手机。"妈妈赶紧补充道。

我向他们解释，试图让他们理解孩子的感受："孩子的语言发展滞后直接影响和外界的沟通和交际，导致社会功能受损，而父母却没有作为很好的玩伴补充，孩子的内心必然会有被拒绝的感受。"

夫妻俩相互看了下，有些内疚，爸爸继续说："为了不输在起跑线上，小学一年级妈妈就给孩子报了很多补习班：围棋、书法、绘画、唱歌，尤其是围棋，孩子特别不喜欢围棋，每次说要上围棋课就会哭很长时间，勉强坚持了两年，最终还是放弃了。"

▼佳雯解析：

总是逼迫孩子做不愿意做的事，孩子将来发展成焦虑症或者强迫症的概率相对更大。家长有时会觉得，只要坚持一下，孩子早晚会喜欢上的。其实，与其让孩子坚持不如培养兴趣，如果孩子实在培养不出此类兴趣我们建议放弃。逼迫式的学习会为孩子将来的心理健康留下隐患，很可能给孩子带来一生的负面影响。

二

"她学习上也有很大问题，这孩子小学时候成绩就不好，很多时间都在走神，在家里学习的时候也常常走神，说了很多遍也不管用。我陪着她写作业，看着她盯着题目半天也不动笔，我就会特别抓狂，一边催一边写一边发神，我就是在她上小学开始非常唠叨的，我自己都感觉像一个监工，经常在她身边提醒各种事情，也不知道她能听进去多少。"妈妈的语气里明显带着焦虑。

"走神说明这个孩子内心不安稳啊。"我给了他们一个回应。

爸爸似乎突然想到了什么重要信息，赶紧说："妞妞5岁的时候，奶奶从农村老家来我们家，带了一只大公鸡和一只母鸡，半夜两只鸡在阳台打架，折腾了一夜，发出的声音非常恐怖，我们全家人都没睡好。第二天早上起来发现母鸡已经奄奄一息，墙上到处都是母鸡被公鸡啄出来的血。那次事件后孩子在家发了三天呆，后来才逐步恢复正常，但是以后只要一听到鸡叫就会非常紧张，而且听到鞭炮也很紧张，直到现在都不能听到和鸡有关的信息。"

公鸡母鸡事件对一个5岁的孩子来说是一个应激事件，从孩子的反应来看，孩子在当时应该是产生了"创伤后应激障碍"，但因为父母们缺乏这方面的常识，没有对孩子的情绪及时处理，这个创伤就留下来并伴随到现在。后来不仅怕鸡叫，还泛化到了害怕鞭炮，症状泛化是心理疾病加重的标志。

▼ 佳雯解析：

突发事件会引发孩子的应激反应，应激反应后孩子一般会出现退行性反应。当我们看到孩子发呆、手足无措，开始使用单音节词汇说话，或者更黏人，这就是孩子**退行**的标志，退行会让孩子回到一种原始的状态。父母在这个时候要对孩子多陪伴，多一些肢体的抚触和拥抱。

〈心理术语〉：**退行**

"退行"是在精神动力框架之下的一个术语，"退行"指个体的言行举止会回归到更小的时候、更原始的状态。

▼ 咨询师手记：

一方面咨询师要善于捕捉和促进来访者退行，利用"退行"和来访者建构一段新的关系以促进治疗。"退行"可以是让来访者有机会把小时候体验过的创伤，在一个相对安全的环境之下，重新再用一种新的方式修改一次，也就是把曾经走过的路重新走一遍，从而获得新的体验。

爸爸继续说道："晚上她经常睡不好，我们就很想多陪陪她，所以她一直跟我们睡。小学三年级开始，我们觉得孩子长大了，应该开始分床睡了，但是好几年都无法真正分床，因为孩子会在半夜哭醒，然后又跑到我们的房间让她妈妈搂着睡。这个分床睡的过程一直持续到五六年级吧，小学快毕业了才终于和我们分床，而且大约又适应了三个月。"

分床睡其实是孩子重新建立安全感的过程，这个过程中孩子的情绪会出现变化，而分床可能再次激活了姐姐在5岁时留下的应激创伤。

"我想了解一下孩子从小到大是谁带大的。"我向夫妻俩提问道。

"外婆，因为外婆和我们一直住在一起，平时外婆带得比较多，我们每天下班回家后才能和姐姐在一起。"妈妈答道。

"能给我简单描述一下外婆的性格吗？"

"我妈爱唠叨，还有轻微的洁癖，我可能有点像她，我过去还好，现在好像越来越严重了。"妈妈简单向我描述了一下。

我对她口中的越来越严重有些疑惑："哦？过去是什么样，现在是什么样？爸爸来说吧，作为身边的人肯定很有感受。"

爸爸意味深长地笑了一下，说道："确实很有感受。她过去给我的印象是很爱干净，爱收拾家里，家里随时整整齐齐，这也是我很喜欢她的原因之一。但是现在我一回家就很紧张，沙发坐不得，家里的开关、门把手、手机、马桶，连同我人每天用酒精到处喷，搞得家里随时一股医院的味道，我觉得我都快得焦虑症了，我早就建议她去看病，她就是不去。"

"那你觉得姐姐妈妈是从什么时候开始变化的呢？"

"大概就是五六年前吧。"如果仅仅是因为疫情，我倒是赞成她的做法，毕竟消毒对疫情防控还是有好处的。

根据爸爸说的时间我算了算，五六年前姐姐刚好5岁，我想起了公鸡事件。孩子的变化会引发或加剧家长的焦虑。

我继续问："如果我们要用一些形容词来形容你们的性格，你们会怎么形容呢？"

妈妈首先回答："我的性格整体来说算是比较开朗，但是我不喜欢交际，我非常喜欢一家人在一起。不喜欢交际的原因是我有洁癖，和朋友交往有时候难免要在外面吃饭，我觉得不干净。"

我听到了一个听起来貌似正常，但我却敏感地捕捉到的细节，于是问道："你说你非常喜欢一家人在一起是什么意思？"

"就是我特别喜欢和我的家人待在一起，包括我妈、我老公孩子，还有孩子的爷爷奶奶，只要一家人在一起我就很高兴。"

"我想补充一点。"孩子爸爸突然插话进来，"她所说的喜欢一家人在一起，还有一层意思，就是不喜欢和别人在一起，也不喜欢我和家人以外的人在一起。我举个例子，她非常不喜欢我出差，过去我出差一两天她虽然不开心，但没有这么强烈的情绪反应，但是最近几年我只要一说单位要让我出差，她立刻脸就会垮下来。"

我问妈妈："为什么呢？"

"我也不知道啊，反正就是不想他出去。"说到这里，妈妈的眼眶居然湿了。

"这个情况甚至我们单位的领导和同事都知道，所以现在基本上不安排我出差，我过去有时候还和哥们儿出去吃个饭什么的，但是我只要出去她就会不高兴，所以我现在也基本没有社交了。"爸爸回应的内容本来是对妈妈的理解，是为了体谅妈妈的感受而做出改变，但在语气中我听出了些许的不满，这种哪儿都不能去，单位和家两点一线的生活对一个男人而言显然过于狭窄。

无论从爸爸的语言和语气，还是妈妈的态度和眼泪，隐约中，我都能感觉出妈妈在这里是有创伤的，于是我试探性地提问："我很好奇妈妈为什么这么需要一家人随时在一起呢？"

听到我的话，妈妈的眼泪又不由自主流了出来，本以为她会给我一个确定的答案，没想到她的回答是："我也不知道呀，我就是想一家人在一起。"

爸爸竟然在此时随意地说了一句："你女儿现在上不了学，这下彻底跟你在一起了。"

其实，爸爸随意间说的话未必没有道理，而且从妈妈回答我的方式，我确定妈妈并没有听懂我这句话的真正含义，我必须约妈妈进行单独的访谈，这或许就是孩子问题的根源之一。

于是我终止了我们的谈话，开始将话题引回到孩子身上："我们来谈谈关于咨询目标吧。你们的目标是让孩子回到学校，我也无法做出让孩子回到学校的承诺。在孩子创伤没有修复之前，回到学校只会加重她的症状，哪怕去了学校，她很快又会折回来。如果多次去学校都不成功，这个孩子很容易获得挫败的体验，旧伤加上新伤，这个孩子可能就再也不会去学校了。"

我看向夫妻俩，他们相互看了看，并向我点头表示赞同，随后，我继续说道："我认为，我们的咨询目标首先应该是找到孩子不去上学的原因，稳定住孩子的情绪不继续恶化。只有第一步做到了，我们才有讨论下一阶段咨询目标的可能。当然，我们的长远目标肯定是让孩子恢复正常的社会功能，发挥出自己最大的潜力，但这需要时间。"

两人再次表示同意后，我叮嘱他们，不要再劝孩子去学校，适当安排好孩子在家的时间，比如阅读、和外婆一起出去买菜，让她尝试着和不同的人多接触。同时，还和妈妈约了单独咨询的时间，并提醒她下次来记得自己带个一次性鞋套。妈妈非常明确地回应了我后，两人便离开了咨询室。

他们离开后，我隐约觉得除了孩子早年的这些创伤，妈妈这里有一个非常重要的原因。为什么妈妈要和所有家庭成员保持这么高浓度的联结？妈妈究竟经历过什么？我想揭开这个谜底。

三

妈妈在第二次咨询时间如约而至，正如我们约定好的，妈妈带了一次性鞋套，按时和我见了面，她对"干净"的要求依然没有减弱，依然做了相应的准备工作。

妈妈就座后，没等我提问，便对我说："郑老师，那天我们回家后和孩子谈了，我们明确告诉她，她最近不用再去学校。这几天孩子的情绪明显好转了很多，但是我仍然为孩子不能去学校而担忧，我不知道孩子这样在家待着的状态要持续多久，将来就算读职高也要有初中文凭啊。"

我没有向她解释她的疑虑，反而对她说："其实，这次我只想和你谈谈你自己。"

当她听到我说要谈谈她的问题，就对我说："郑老师，上次从你这里回去后，我仔细思考了一下你说的话，我的焦虑似乎找到原因了。"她用手将耳旁的发丝拨到了耳后，略加停顿后，继续说道，"我小时候有一个幸福的家庭，我父母感情很好，家里只有我一个孩子，我是家里的绝对中心。我妈妈是单位的一个普通会计，爸爸是单位的供销科科长，在计划经济时期，供销科科长的权力其实是很大的，所以我们家经济条件相对其他同龄人来说一直还是比较优越的。我父亲那时候经常出差，我记得他经常去西昌、攀枝花这些地方，每次出差回来就给我带那个地方的石榴，我至今都记得他每次出差会带一个黑色的手提包，出去的时候里面装的是洗漱用品，但每次出差回来的时候，黑色的皮包就会鼓起来，里面装的都是在我们老家见不到的石榴。"

我听得出她回忆自己年幼的记忆时，声音既开心又有些忧伤。

"现在网购非常方便，但是就算我买了最大最好的会理石榴，口感都赶不上当年爸爸带回来的，所以爸爸每次出差我都盼着他回来。"眼前这个女人欲言又止，眼泪止不住往下掉。

"有一次，我爸爸坐单位的车去攀枝花，他再也没有回来……"她突然泣不成声。

我将桌子上的纸抽推到了她的面前，耐心等待她平静下来，她抽出了两张扔进垃圾桶，把第三张攥在了手里。

"以前，他出差都是坐火车，睡一晚就到了，但只有那次，单位刚刚买了一辆红旗轿车，结果……和货车相撞，爸爸没了。"她双手捂住脸。

突然失去亲人的痛苦让人终生难忘，望着已经说不出话来的她，在那个时候也有应激创伤啊，小时候的她所在的城市根本就没有心理咨询师，一个孩子又如何面对痛失亲人的悲伤和恐惧！

"其实，我就是在那个时候开始变得很焦虑的。我非常害怕，害怕爸爸没了我会再失去妈妈，直到现在，只要我打电话给妈妈她没接，我就担心她会不会倒在家里了，会不会突然生病了，会不会突然离开我，我觉得我得守着她，我才能安心。"我当然也能推测，她不愿意老公出差的原因同样与此相关。

"爸爸是哪一年走的？"我边记录边问道。

"我刚上初中那一年，我之所以记得很清楚是因为初一我开始住校，在寝室里的时候我的班主任突然来找我，让我立刻回家。"

"初一？住校？"我猛然意识到了什么，在家谱图上记录了下来。

"还有一件事我记得很清楚，因为我们学校还有和我爸爸同一个单位同事的孩子，她的爸爸和我的爸爸有点矛盾，我爸爸走以后她把我爸爸的事情告诉了其他同学。我非常生气，我觉得我爸爸受到了羞辱，于是我把她书桌里的书全都扔到了厕所，第二天我的书也不在了，我当然知道是她干的。"她又尴尬地笑了笑。

我做个案的时候习惯绘制家谱图，从家庭系统的角度来看来访者的问题。通常，在一个家族中，时间的高度重合是一件很重要的信息，比如家里有个孩子15岁突然不去上学，他的家族中有时候也能找到一个过去同样在15岁左右不去上学的人；一个人在某个年龄得了某种疾病，你在他的家族中有时候也能找到一个相同年龄患相同疾病的人。

答案呼之欲出，我继续引导着她："你是说，你爸爸离开的时候是在你初一的时候，现在你的孩子刚进入初一；你当时住校，而妞妞此时也刚刚开始住校，把这些信息连起来，你能想到什么？"我问道。

她听到我的问题，突然睁大眼睛："不会吧！这也有遗传？"

"这当然不是遗传。"我肯定地回答她。

"难道是因为我这个时候失去了爸爸，所以孩子在这个年龄我害怕失去她？可是，不去上学是孩子提出来的呀！我是很想让她去上学的呀。"她开始疑惑，我看得出她的内心矛盾且挣扎。

我当然知道在意识的层面父母都希望孩子去上学，但是有时候潜意识的想法往往背道而驰。我没有回答，保持沉默，让问题慢慢发酵。

"我承认她的学校实在太远了，我每周只能见她一次，而且孩子从来没有离开过我，我确实很担心她。"她努力思考着两者之间的关系。

"除了这些，你还担心什么？"

"她本来社交能力就弱，我担心她被校园霸凌。"她继续认真回答着我的问题。

"你还担心什么？"我继续追问。

"孩子特别敏感，老师说话如果重了，她会很难过，我担心她在老师那受委屈。"妈妈开始哭泣。

"你还担心什么？把你所有的担心都说出来。"

"我有个同事的孩子得抑郁症了，就是初中。"她哭得越发厉害。

"所以你还担心孩子得抑郁症？还有吗？"

妈妈开始忍不住放声大哭。

"从她快要开学开始，我就担心她会不会出车祸，会不会因为不熟悉学校的新环境因失足从楼上摔下来，我特别害怕孩子会离开我。"妈妈的思维强迫开始显现出来。

"除了担心你妈妈、担心孩子，你还担心谁？"

她一边大哭，几乎吼了出来："我还担心老公，老公如果晚上打呼噜突然没声了，我就会去摸他的鼻孔，怕他没了呼吸，我担心身边的亲人离开我，时刻在担心。"她眼泪一直往下流，这次没有浪费我的云柔纸，直接抓去擦眼泪。

她哭的声音太大引来了敲门声，打扫楼层卫生的大妈询问是否需要帮助。我摇头表达了感谢，重新关上了门。

"这么多年你都怎么熬过来的呀？"

"我太苦了、太苦了，但是没有人能理解我。我上班也在担心家里人是不是安全的，下班第一件事就是赶回家，老公6点没回家我就一定要打电话确认他是安全的。我连睡觉都在担心，经常做噩梦，晚上完全睡不好。最近几年我头发大把大把往下掉，我太苦了。"

"你现在能理解孩子不去上学的原因了吗？"

"守着她我才安心！等等，你是说，孩子是怕我担心啊！"

"孩子很聪明，她会自动吸收父母的潜意识来达成父母对她的期待，所以你知道改变孩子首先应该改变谁呢？"我始终没有直接给她答案，我希望她能自己明白问题的本质是什么。

她默默低头，默默流泪。

孩子的问题的根源已经清晰可见。当然，孩子的问题绝不仅仅是妈妈一个人的问题，孩子在成长过程中自身的创伤还需要通过咨询慢慢疗愈，但我们都清楚，目前的当务之急首先是解决妈妈的问题。

四

有时候，我们只关注了表面现象，却忽视了现象背后的本质，《表象与本质》的书里就从语言、思想和记忆的各种丰富情境中揭示出完全隐藏的认知机制，这些机制有一个不变的核心，就是人们总是无意识地联系过往经验去做类比。表面上看，是孩子主动提出不想去学校，而实际上影响她的情绪之源是妈妈害怕失去她的潜意识，父母本以为接受心理咨询的该是孩子，但他们没想到这个家庭中首先该接受咨询的人是妈妈。

多年来，妈妈每日独自忍受的痛苦，各种不安的焦虑情绪紧紧围绕着她，过往的焦虑情绪没有解决，一个一个新的问题不断袭来，周围最亲密的人都被这种压抑和强迫的感觉所感染，这种不平衡的状态终于因为孩子而被彻底暴露了出来。

我和妞妞妈妈一起做了8次咨询，其间妈妈也听从了我的建议到医院开了抗焦虑的药物。尽管孩子始终不愿意接受心理咨询，但我告诉妈妈，孩子不愿意来也不必勉强，而且请她放心，妈妈的改变就能带来孩子的改变。

因为她也需要得到心理支持，有时候我也会要求孩子的爸爸参与其中。幸好，爸爸对妈妈的支持度非常高，不仅每次咨询都陪伴妈妈前来，对妈妈的行为也特别能包容和理解。

一次咨询快结束时，我邀请爸爸进来，询问妈妈是否有所变化，他非常肯定地说妞妞妈妈的焦虑和洁癖已经有了明显好转。

"是哪方面的好转呢？能详细描述一下吗？"

"首先是情绪上的好转吧，现在似乎没有那么焦虑了，不会像之前那样对我过度关注了。对家人态度上的好转也都是很明显的，比之前更温和一些。"妞妞爸爸边说边露出笑容。

"能举些例子吗？"我问道。

"哦，那我觉得是行为上的转变更明显一些。她最近已经不再介意一家人的袜子混合洗了，而且换下来的衣服也可以等到第二天再洗，之前都是无论几点下班回来，当天的衣服必须当天洗，否则就说有病菌带回来了。"他挠了挠头，仔细回忆妻子的变化，继续向我描述着，"对了郑老师，还有沙发，现在沙发已经分出一半可以直接坐，另一半换了衣服再坐……"

从他的话语中我能感受到这对夫妻之间牢固的情感关系，这样的配合对咨询是非常有帮助的。

妈妈的明显变化对孩子以及整个家庭的影响都是巨大的。每个孩子反映出来的问题，其实是一个家庭的问题，我们把家庭视作一个动力系统，在这个系统中，只要有一个人改变就会带来整个动力系统的改变。就像在夫妻治疗中，只需要一个人改变，另一个人就一定改变。那些还在为孩子的问题焦虑的父母，要清楚首先要改变的是父母本身，在孩子身上花越多的时间，孩子的问题可能就会越严重。

和妈妈单独的咨询中，我们也常常会讨论孩子的问题，包括如何帮助孩子重建安全感，如何用高质量的陪伴来补偿早年缺失的关注，如何对孩子进行行为训练等等。

经常有一种舆论，说这个世界上唯一不用考专业证书就可以上岗的就是父母。父母没学过如何教育孩子，没学过如何说孩子才能接受，更没学过如何去了解孩子，然而当问题出现在我们面前时，很多家庭都不得不硬着头皮，用自己过往的陈旧经验来教育孩子。

相比之下，妞妞是幸运的，妞妞的爸爸妈妈都非常重视她的心理问题，陪伴并帮助孩子走出焦虑的困境，让她重新获得安全感，重新获得正常的社会功能，为了让她有朝一日能重新回到学校，他们在全身心地努力着。

母亲对孩子的影响是巨大的，尤其是情绪的影响，将伴随孩子一生。焦虑的妈妈，会让孩子产生更多焦虑和惊恐。

每一个妈妈都该明白一个道理，先有快乐的妈妈，才有快乐的孩子。情绪问题不是一朝一夕产生的，解决情绪问题也并非一蹴而就的，这是一个长期的过程。妈妈自己的情绪问题、焦虑问题会传染给孩子，而孩子，随着年龄的增长，由家庭这个小环境终将步入大社会，接触家庭外的人群、事物，他们的焦虑往往会更严重。

在我写这篇文章之前的一次咨询中，妈妈很高兴地告诉我，孩子自己主动提出想换一个离家近的学校，重读一次初一。这绝对是个好消息！

他们最初期待的，我们曾认为遥不可及的咨询目标，就这样渐渐成为可能，孩子回归学校，回归正常生活的日子指日可待。所以我们常说每个问题的背后都有一个核心，受到这个问题影响最大的，往往就是我们身边最亲近，也是我们全身心去爱的人。

"万物皆有裂痕，那是阳光照进来的地方。你的阳光是什么？"我问。

"是你，郑老师。是你把阳光带给了我，带给了孩子和我们的家，我从没想过自己有一天能从过去的阴霾中走出来。"
她无比坚定地回答。

"哦，我只是你的拐杖，你早晚得扔掉我，你生活中还有
哪些阳光？"

她转头看了看身边的老公，再一次坚定地告诉我："我老
公，他非常包容我，如果没有他我肯定没有现在这么轻松和
幸福。"

我微笑着点头。

"还有我妈和孩子，她们都是我生命里的阳光……"她的
眼睛里充满了光芒，正如此时，窗外那照亮整片天空的夕阳，
透过每个细小的裂缝，将耀眼的光洒向每寸土地，温暖每个
角落。从此，我们不再害怕缝隙，因为，那是阳光照进来的
地方。

后记

抑郁的尽头是愤怒

如果认真读完这本书，你会发现家庭环境对孩子的确影响巨大，但是如果仅仅把这些心理问题归为"原生家庭有罪论"，也是不负责任的。

抑郁是很多因素的共同作用：被困在钢筋水泥中的独生子女，缺乏同辈群体的正常交流，不会社交，自然丧失了在同辈交往中学习应对挫折的机会；社会的快速发展、社会分层竞争加剧不断引发父母的焦虑，父母高强度的工作无暇顾及孩子的情绪感受；学校为了教学成绩和升学率给老师、家长的施压，教育的不断内卷让孩子的压力和负面情绪找不到宣泄的途径；科技进步带来的网络电子产品的普及，对青少年产生的莫大吸引力进一步弱化了孩子与真人交流的能力……加上青春期个体生理和心理处于激烈的动荡中，任何的风吹草动，都有可能成为压死骆驼的最后一根稻草。

抑郁患者还有如下特点：他们既愤怒又自责，这一症状像极了吸引所有负面情绪与能量的"磁石"。我曾不止一次见过这样的案例，社会工作压力极大的父母在回到家后压力无以释放，只能把所有的苦水尽数倒给孩子；或者在夫妻关系疏离的家庭，争夺孩子的那一方总是在向孩子传递自己在婚姻中的委

288

屈和痛苦，长此以往，在有意识和无意识的情况下把所有压力和焦虑转移到了孩子的身上。越是早熟的孩子，越容易在这时产生错误的归因：都是因为我，爸爸（妈妈）才那么辛苦；都是因为我，爸爸妈妈关系才不好，一切都是我的错；如果没有我，他们可能会更幸福。这里面又潜藏着孩子对父母的愤怒：全能型父母让孩子不断体验自己"无能"的愤怒；被父母情感忽视的愤怒；父母经常灌输的"付出的不易"让孩子产生愧疚带来的愤怒；常拿自己和"别人家孩子"比较的愤怒；被老师批评后父母的再一次伤害带来未被理解的愤怒；被同学欺负后，父母让孩子自我反思"是你自己问题"的愤怒；孩子遭遇困境不想去上学，父母让孩子"再坚持一下"而不问原因的愤怒；孩子产生心理疾病被父母视作"装病"的愤怒……

青春期抑郁的孩子看起来是沉默的、缺乏活力的，但是他们的内在又压抑着深深的愤怒。当孩子的愤怒长时间找不到向外的宣泄途径，持续在身体中累积，他们的身体和情绪便像极了被不停打气的气球。父母的强权、学校规则的威严、老师的严苛以及所处青春期激素分泌的生理变化……当自愈、战胜无望，愤怒的情绪无法向外的时候，气球濒临炸裂，人的情绪崩溃，转而形成寡言、思维迟钝或易怒的指征，甚至逐步出现自残和自杀倾向。但是孩子们并不知道这些愤怒来自哪里，又能去往何方！

我的孩子今年14岁，正处于这样一个身心激荡的年龄，我也正在经历所有的青春期父母都必将经历的过程：孩子叛逆，因学习压力曾带来的焦虑产生的躯体问题。正是基于我的专业和母亲的双重身份，我对自己孩子的陪伴如履薄冰。如果这个阶段的父母懂得青春期孩子面临的压力和心理特征，就能顺势而为，帮助孩子平稳度过青春期；如果不了解和顺应发展中的特征，父母和孩子就会在双方的愤怒与激战中两败俱伤。

写完所有的文字，我慵懒地伸展了一下四肢，成都罕见的阳光又透过咨询室的玻璃斜映到来访者常坐的沙发上。每个孩子都应该被这个世界温柔以待。不管你的孩子是否抑郁，愿父母们能陪伴困境中的少年穿透墙壁去拥抱生活的温暖和自由，面对阴影却能直视骄阳，协助孩子朝着实现人生价值的方向前进。

郑佳雯于成都

2022年6月

附

青少年自杀风险评估

抑郁迹象：

1.很懒，不想动

2.有躯体疼痛。比如头痛、腰背痛、胸痛、四肢麻木等

3.记忆力降低

4.不想外出

5.远离社交，退出朋友圈

6.兴趣降低

7.失眠

8.认知失调。比如过去看得惯的人，现在看不惯了；觉得自己什么都不是，是周围人的负担，不如死了好；无端哭泣，总觉得悲伤

抑郁自评量表

抑郁自评量表是世界最著名的心理健康测试量表之一，也是当前使用最为广泛的精神障碍和心理疾病门诊检查量表。

备注：基于人心理特征的复杂性以及该测评本身的信效度、局限性，测评结果只可作为评估抑郁程度的一个参考。

测评适用人群：

长期不快乐、深受抑郁情绪困扰的人

怀疑自身是否有抑郁症的人

希望走出情绪困扰，找回阳光自我的人

所有关注自我关注心理健康的人

抑郁自评量表测试（SDS）

姓名：_____性别：_____年龄：_____填写时间：_____

注意:下面有20道题目，请仔细阅读每一题，把意思弄明白，然后根据你最近一个星期的实际感觉选择适合的答案。

1.我觉得闷闷不乐，情绪低沉。

A.没有或很少时间　B.小部分时间　C.相当多时间　D.绝大部分时间

2.我觉得一天中早晨最好。

A.没有或很少时间　　B.小部分时间　　C.相当多时间　　D.绝大部分时间

3.我一阵阵哭出来或觉得想哭。

A.没有或很少时间　　B.小部分时间　　C.相当多时间　　D.绝大部分时间

4.我晚上睡眠不好。

A.没有或很少时间　　B.小部分时间　　C.相当多时间　　D.绝大部分时间

5.我吃得跟平常一样多。

A.没有或很少时间　　B.小部分时间　　C.相当多时间　　D.绝大部分时间

6.我与异性密切接触时和以往一样感到愉快。

A.没有或很少时间　　B.小部分时间　　C.相当多时间　　D.绝大部分时间

7.我发现我的体重在下降。

A.没有或很少时间　　B.小部分时间　　C.相当多时间　　D.绝大部分时间

8.我有便秘的苦恼。

A.没有或很少时间　　B.小部分时间　　C.相当多时间　　D.绝大部分时间

9.我心跳比平常快。

A.没有或很少时间　　B.小部分时间　　C.相当多时间　　D.绝大部分时间

10.我无缘无故地感到疲乏。

A.没有或很少时间　　B.小部分时间　　C.相当多时间　　D.绝大部分时间

11.我的头脑跟平常一样清楚。

A.没有或很少时间　　B.小部分时间　　C.相当多时间　　D.绝大部分时间

12.我觉得经常做的事情并没有困难。

A.没有或很少时间　　B.小部分时间　　C.相当多时间　　D.绝大部分时间

13.我觉得不安而平静不下来。

A.没有或很少时间　　B.小部分时间　　C.相当多时间　　D.绝大部分时间

14.我对将来抱有希望。

A.没有或很少时间　　B.小部分时间　　C.相当多时间　　D.绝大部分时间

15.我比平常容易生气激动。

A.没有或很少时间　　B.小部分时间　　C.相当多时间　　D.绝大部分时间

16.我觉得做出决定是容易的事情。

A.没有或很少时间　　B.小部分时间　　C.相当多时间　　D.绝大部分时间

17.我觉得自己是个有用的人，有人需要我。

A.没有或很少时间　　B.小部分时间　　C.相当多时间　　D.绝大部分时间

18.我的生活过得很有意思。

A.没有或很少时间　　B.小部分时间　　C.相当多时间　　D.绝

大部分时间

19.我认为如果我死了，别人会生活得更好一些。

A.没有或很少时间　B.小部分时间　C.相当多时间　D.绝大部分时间

20.平常感兴趣的事，我仍然照样感兴趣。

A.没有或很少时间　B.小部分时间　C.相当多时间　D.绝大部分时间

计分方法：

主要统计指标为总分。把20道题的得分相加为粗分（前10道题A、B、C、D代表的得分依次为1、2、3、4分，后10道题A、B、C、D代表的得分依次为4、3、2、1分），粗分乘以1.25，四舍五入取整数，即得到标准分。抑郁评定的分界值为50分。

结论：

低于50分：没有抑郁的烦恼。

超过50分：需要引起注意，分数越高，抑郁倾向越明显。

超过60分：应该及时拜访心理医生，进行治疗。

抑郁自救宝典

1.做记录

静下心来，真诚地面对自己。回顾一下，身体和心理的变化是从什么时候开始的，那种不开心的感觉是从什么时候开始潜伏到你身边的。你认真想一下，或许会吓一大跳，原来是那么早以前。可能是同学的一句话，可能是父母的一个眼神，可能是遭受过老师的冷落，可能是你很努力了，却总也冲不进前几名，可能是被同学嘲笑长得肥胖或者"娘娘腔"……

把你曾感受到的所有的伤害都写下来，相信我，当你可以写下来的时候，你糟糕的情绪就在开始得到宣泄。写完后感受一下自己当下的感受。

2.扔垃圾

闭上眼睛深呼吸三次，问自己一个问题：如果这些创伤像一种东西，它像什么？它是什么颜色、什么形状、什么材质，大概有多大？它的温度如何？越具体越好。

现在请你在大脑里再次产生一个观想，把你所看到的这个东西扔到一个很遥远的地方，可以是一个峡谷，可以是大海，也可以埋到地里。然后再次感受自己当下的心情。

3.绘未来

不用担心未来不会实现，闭上眼睛深呼吸，问问自己：未来我想过一种什么样的生活。那个时候的自己穿的什么衣服，留了多长的头发，和哪些人在一起，正在做什么，想得越具体越好。可能你已经进入高中或者大学，遇到了一些很有趣的人，做着自己愿意做的事。也许你已经学会了如何和他人相处，不再逃避人和人之间的交往，甚至可以大方地主动介绍自己。

4.规律的作息

不管你还有没有在学校上学，你需要一个固定的起床和睡觉时间，早上建议不超过9点，晚上不超过11点。无论你头一晚如何失眠，白天你都需要在计划的时间起床，没有到晚上的睡眠时间，白天任何时候都不要再上床，这是为了确保可以重新开启你的内分泌大门。

记住：规律的作息对抑郁的康复有极大的好处。

5.保持运动

运动可以让你产生多巴胺，多巴胺是让人感到快乐的一种激素，运动不止能在短期内让人的心情舒畅，从长远看，也能预防抑郁症状的发作。

6.做减法

不要再去想学习跟不上的问题了，你需要在之前每天做的事情当中减掉一些可做可不做的事情；也不要太在意考试的成绩是不是符合自己内心的期待，要接受自己当下可以修整一下的想法。

7.制订明确的计划和清单

抑郁的人容易陷入迷思的恶性循环，很多糟糕的念头会时不时袭来，然后不断自我怀疑。你需要拟定一个详细的计划，比如什么时候运动、每天给几个朋友打电话，强烈建议你每天可以做一点家务。

8.学习冥想

对于焦虑者和抑郁者，冥想对你会有极大的帮助。冥想不一定随时需要音乐和引导语的陪伴，你心无旁骛地擦桌子、洗袜子、撸猫都是冥想，也就是关注身体的感觉，把注意力只放在当下。网上也有一些免费的冥想音乐和引导词，可以善加利用。

9.创建一个安全岛

回忆一下，你的人生中最令你快乐的时光发生在什么地方，尽情发挥一下你的想象，给自己在原址上建造一座安全放松的岛屿。当抑郁侵袭你的时候，你就可以偷偷"跑"到那里休息一下。

以上方法，可以单独使用，也可以搭配使用，适合你的就是最好的。最后需要提醒，如果以上方法都帮不到你，说明抑郁的程度已经比较严重，你需要寻求专业的帮助，请及时联系学校的心理老师或者校外的心理咨询师。